小学生でもわかる
プログラミングの世界

林 晃・著

プログラムって
どんなところで
使われているの？

プログラミングって
どう勉強したらいいの？

プログラマーって
どんなことをする仕事？

そもそも
プログラミングって
何なの？

プログラムって
どうやって作るの？

プログラムを作るのに
必要な機器は何？

C&R研究所

■権利について
● 本書に記述されている製品名は、一般に各メーカーの商標または登録商標です。
なお、本書では™、©、®は割愛しています。

■本書の内容について
● 本書は著者・編集者が実際に操作した結果を慎重に検討し、著述・編集しています。ただし、本書の記述内容に関わる運用結果にまつわるあらゆる損害・障害につきましては、責任を負いませんのであらかじめご了承ください。
● 本書は2016年10月現在の情報で記述しています。

●本書の内容についてのお問い合わせについて
　この度はC&R研究所の書籍をお買いあげいただきましてありがとうございます。本書の内容に関するお問い合わせは、「書名」「該当するページ番号」「返信先」を必ず明記の上、C&R研究所のホームページ(http://www.c-r.com/)の右上の「お問い合わせ」をクリックし、専用フォームからお送りいただくか、FAXまたは郵送で次の宛先までお送りください。お電話でのお問い合わせや本書の内容とは直接的に関係のない事柄に関するご質問にはお答えできませんので、あらかじめご了承ください。

〒950-3122　新潟県新潟市北区西名目所4083-6　株式会社 C&R研究所　編集部
FAX 025-258-2801
『小学生でもわかる プログラミングの世界』サポート係

はじめに　　　　　　　　　　　　　　　　　　　　PROLOGUE

　パソコンやスマートフォンも広く使われるようになってからしばらくの時が経ちました。皆さんも毎日、当たり前のようにパソコンやスマートフォンを使いこなしていることだと思います。しかし、日ごろ使っているアプリって本当は何なのか、アプリを作るってどんなことをするのか、プログラマーはどんなことをしているのか、知っていますか？

　本書では、そんな問いの答えや、パソコンやスマートフォンの裏方である、プログラミングの世界を紹介しています。何だかよくわからないけど、すごいもの。そんな印象を持っている人もいるかもしれませんが、実際はもっとわかりやすい世界です。

　本書は、プログラマーになりたいと思っている子供たちや学生たちだけではなく、タイトルとは裏腹に、大人にも楽しんでもらえるように書きました。プログラム周辺の話や、プログラミングをどのように勉強していくのかについて、著者の経験に基づいて紹介しています。

　「仕事でプログラム開発を依頼する立場になって困った」という話を度々、聞きます。また、「プログラム開発とはどんなことをするのか、一般論を知りたい」という話も聞きます。本書はそのような一般論を紹介しています。

　最後に、本書の執筆・制作にあたり、C&R研究所のスタッフの皆様には大変お世話になりました。本書はスタッフの皆さんとの共同作業により生み出すことができました。ここで改めて感謝を申し上げます。

　そして、本書を通して、読者の皆さんがプログラミングの世界を知って、それが何かの形で役に立つことができるならば著者として、これ以上の幸せはありません。

2016年10月

アールケー開発　代表　林　晃

本書の読み方・特徴

登場人物

アインシュタイン博士（通称「はかせ」）
相対性理論の発見で有名なアインシュタインが、かわいがっていた犬を曾祖父に持つ天才犬。現在はC&R研究所の主任研究員として活躍中。

秋田奈々（通称「ななちゃん」）
スマホやパソコンの知識がないにもかかわらず、最近、スマホが欲しくなり両親におねだりしている好奇心いっぱいの小学三年生の女の子。

第1章 そもそもプログラムって何？

質問 02 プログラムってどうやって動いているの？

🧒 コンピュータはどんな風にプログラムを動かしているの？

🐕 コンピュータはプログラムに書かれた命令を上から順番に実行していくんだ。1つひとつの命令はとても単純なものになっているんだ。たとえば「2＋3を計算する」とか「時間を表示せよ」とかだよ。

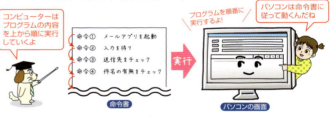

コンピューターはプログラムの内容を上から順に実行していくよ

命令① メールアプリを起動
命令② 入力を待て
命令③ 送信先をチェック
命令④ 件名の有無をチェック

命令書 → 実行 → パソコンの画面

プログラムを順番に実行するよ！
パソコンは命令書に従って動くんだね

🧒 でも、いつも同じように動くだけじゃないよね？

🐕 いいところに気が付いたね。ななちゃんもお友達と遊ぶとき、天気が晴れてるか雨かで遊ぶ場所を変えるよね。同じようにプログラムは状況や条件に応じて違う動きをさせることができるんだ。これができるからプログラムは複雑な動きができるんだよ。

今日は何をして遊ぼうかな？
もし晴れてたら… → かずおくんとたかこちゃんと公園で鬼ごっこ
もし雨だったら… → ななちゃん 家でゲーム
条件によってななちゃんの行動が2つに分かれてるよ

特徴1 わかりやすい会話形式
ビギナーの素朴な目線での質問と回答で、難しい事柄をわかりやすく解説します。

特徴2 一目でわかる図解
難しそうな事柄を、イラストを使ってわかりやすく丁寧に図解しています。

最新情報について

本書の記述内容において、内容の間違い・誤植・最新情報の発生などがあった場合は、「C&R研究所のホームページ」にて、その情報をいち早くお知らせします。

URL http://www.c-r.com （C&R研究所のホームページ）

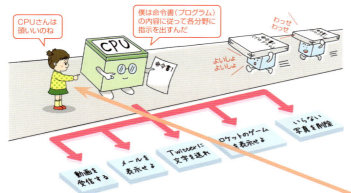

特徴3 見やすい大きな活字
ビギナーやシニア層にも読みやすいように大きめな活字を使っています。

特徴4 漢字・単語にルビを記載
漢字や単語については、ルビを記載しています。

特徴5 解説のポイントを登場人物が補足
わかりにくい内容を理解しやすいように、登場人物がコメントで補足しています。

第1章 そもそもプログラムって何？

- **Q 01** プログラムって何? ……………………………………………………… 10
  - コラム ソフトウェアとハードウェア ………………………………… 11
- **Q 02** プログラムってどうやって動いているの? ………………………… 12
  - コラム コンピュータはプログラムの通りに動く …………………… 14
- **Q 03** プログラムってどんなところで使われているの? ………………… 15
- **Q 04** コンピュータやプログラムはどんな風に生まれたの? …………… 17
- **Q 05** プログラムの未来は? ………………………………………………… 20

第2章 そもそもプログラミング言語って何？

- **Q 06** そもそもプログラムはどうやって作るの? ………………………… 26
- **Q 07** プログラミング言語にたくさんの種類があるのはなぜ? ………… 29
  - コラム 機械語は1つだけ? …………………………………………… 31
- **Q 08** スマホのアプリを作るときに使う言語って何? …………………… 32
  - コラム アプリ開発に使われる言語は将来、変わるかも? ………… 34
  - コラム 組み込みシステムとは ………………………………………… 34
- **Q 09** ウェブアプリケーションを作るときに使う言語って何? ………… 35
  - コラム ウェブアプリケーションを作る際に使われるその他の言語 …… 38
  - コラム 実行形態によるプログラムの違い …………………………… 38
  - コラム CSSとは ………………………………………………………… 38
- **Q 10** OSってどんな言語で作るの? ……………………………………… 39
- **Q 11** そもそもプログラミング言語の得意なことが違うのはどうして? …… 40
  - コラム 並列処理って何? ……………………………………………… 42
  - ちょっと深読み オブジェクト指向って何? ………………………… 43
  - ちょっと深読み 関数型プログラミングと関数型言語について …… 44
- **Q 12** プログラムを作るのに必要な機器は何? …………………………… 45

CONTENT

| コラム 林先生へのインタビュー …………………………… 47
Q 13 プログラムを作るための道具ってどんなもの? ……………… 48
| ちょっと深読み 機械を使うプログラムはどうやったら作れるの? …………… 51
| ちょっと深読み 機械も作れる!? ……………………………………… 52

第3章 作ったプログラムはどうやって発表したらいいの?

Q 14 自分で作ったアプリはどこに発表したらいいの? ……………… 54
| コラム アプリストアの登場前後で変わったこと …………………… 56
Q 15 どうして無料でプログラムを配れるの? ……………………… 57
Q 16 プログラムの中身を無料公開する人達がいるのはなぜ? ……… 60
| コラム 企業がなぜOSSに参加するのか? ……………………… 61
Q 17 プログラムにもオーダーメイドがある!? ……………………… 62
| コラム アプリを続けるのに費用がかかる!? ……………………… 64
Q 18 プログラムは勝手に配ってはいけない? ……………………… 65

第4章 そもそもプログラマーってどんな人?

Q 19 プログラマーってどんなことをする仕事? ……………………… 68
Q 20 プログラマーになるにはどんなことを勉強すればいいの? ……… 73
| コラム 専門学校と大学 ……………………………………… 74
Q 21 プロのプログラマー以外で
　　　　　　　すごいプログラミングする人達がいるって本当? …… 75
| コラム Linuxは一人の学生が生み出した …………………… 76
Q 22 プログラマー以外の人はいつプログラミングをしているの? …… 77
| コラム サンデープログラマー ……………………………………… 77
Q 23 プログラマーはどんなところで働いているの? ……………… 78
Q 24 プログラマーはずっとプログラミングだけをしていくの? ……… 80

CONTENT

第5章 プログラミングってそもそもどうやって勉強するの？

Q 25 プログラミングってどうやって勉強したらいいの？ ………………………… 82
　　　コラム プログラミング言語はコンピュータに実行させたいことを
　　　　　　　　　　　　　　　　表現するための言語 …… 84
Q 26 大きな問題は小さな問題に分けて考えよう ………………………………… 85
　　　コラム モデル化 ………………………………………………………………… 86
Q 27 わからないことはどうやって調べたらいいの？ …………………………… 87
　　　コラム 書籍とインターネットの情報の違い ………………………………… 88
Q 28 アプリのアイデアははじめはどうやって思いつくの？ …………………… 89
　　　コラム 著者が作ってみたプログラム ………………………………………… 91
Q 29 プログラムの勉強を続けていくために何が必要？ ………………………… 92
　　　コラム ゲーム作りにも学校の勉強が大切 …………………………………… 93
　　　コラム 経験に勝るものはない ………………………………………………… 94

第6章 知っておきたいコンピュータの基礎知識

Q 30 スマホの中はどうなっているの？ …………………………………………… 96
　　　コラム ムーアの法則とは ……………………………………………………… 99
　　　コラム 国によってキーボードが違う!? ……………………………………… 99
Q 31 コンピュータはどうやっていろいろなことを覚えているの？ ………… 100
　　　コラム 磁気テープが見直されている!? …………………………………… 102
　　　コラム 記憶装置の駆動音 …………………………………………………… 102
Q 32 ギガバイトって何？ ………………………………………………………… 103
Q 33 写真や音楽はどんな形で保存されているの？ …………………………… 106
Q 34 インターネットの仕組み …………………………………………………… 109
Q 35 インターネットの歴史 ……………………………………………………… 111
Q 36 スマホの無線LANのスピードが場所によって違うのはなぜ？ ………… 114

●索引 ………………………………………………………………………………… 117

第1章

そもそもプログラムって何?

第1章 そもそもプログラムって何?

プログラムって何?

 はかせ、スマホではたくさんのアプリが楽しめるけど、そもそも「アプリ」って何?

 「アプリ」はアプリケーション(Application＝応用ソフトウェア)の略語だよ。ゲームやツイッター(Twitter)、ユーチューブ(YouTube)、ライン(LINE)などを「アプリ」と呼んでいるんだ。人によっては「アプリ」を「ソフト」(ソフトウェア)と呼ぶこともあるけど、同じ意味合いなんだ。

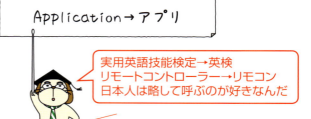

 スマホやゲーム機のたくさんのアプリは、誰がどうやって作っているの?

 ソフト会社(アプリを作る会社)の人達がどういうアプリを作るとみんなが喜んで使ってくれるかを考えて、アプリの見た目や動きを手順書に書き込んでいるんだ。この手順書を「プログラム」と言うんだよ。

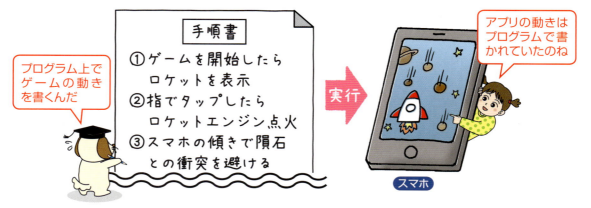

アプリはすごく便利だけど、アプリがない時代はどうしてたの？

うん、とてもいい質問だよ。昔は計算は計算機、文章作成はワープロ専用機、動画撮影はAVカメラというように、専用機器があったんだ。それがパソコンやスマホという万能の機器が出現して、アプリを切り替えるだけで計算機やAVカメラに変身できるようになったんだ。

コラム

ソフトウェアとハードウェア

「ソフトウェア」の対になる言葉として「ハードウェア」という言葉が使われています。「ハードウェア」はコンピュータなどの機械を表す言葉で、「ハード」と略すことも多いです。「ハードウェア」という言葉には、もともとは「金属製品」という意味があり、それが転じて、機械部分を「ハードウェア」と呼ぶようになったという説もあります。

質問02 プログラムってどうやって動いているの?

 コンピュータはどんな風にプログラムを動かしているの?

 コンピュータはプログラムに書かれた命令を上から順番に実行していくんだ。1つひとつの命令はとても単純なものになっているんだ。たとえば「2＋3を計算する」とか「時間を表示せよ」とかだよ。

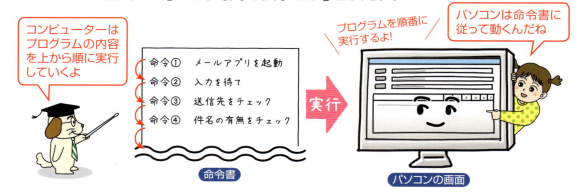

 でも、いつも同じように動くだけじゃないよね?

 いいところに気が付いたね。ななちゃんもお友達と遊ぶとき、天気が晴れてるか雨かで遊ぶ場所を変えるよね。同じようにプログラムは状況や条件に応じて違う動きをさせることができるんだ。これができるからプログラムは複雑な動きができるんだよ。

条件によって判断できるなんてすごいね。まるでコンピュータの中に人間が住んでるみたいね！

コンピュータの内部にはシーピーユー（CPU＝中央演算装置）と呼ばれる人間の頭脳にあたる部品が入っているんだ。今のスマホのCPUは10年くらい前のスーパーコンピュータの処理能力があるとも言われているんだよ。CPUはプログラムに従って計算したり、判断したりして、コンピュータの各部署に指示を出す役割を担っているんだ。

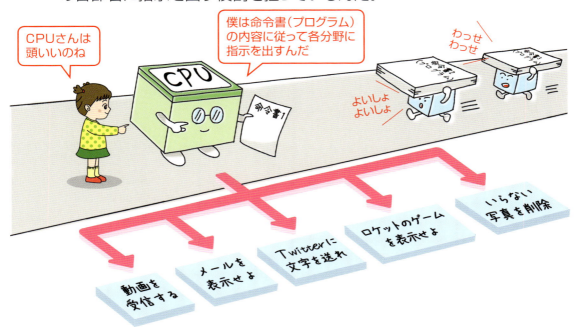

コンピュータに入っているプログラムは、頭のいいCPUが記憶してくれているの？

実はCPUには記憶力はないんだよ。プログラムは、実行されていないときは、ハードディスク（HDD）やSSD（Solid State Drive）、USBフラッシュメモリなどの記録メディアが覚えているんだ。CPUがプログラムを実行するときは、記録メディアからRAM（メモリ）にプログラムを読み込んで、RAMに入っているプログラムを実行するんだ。CPUは結果をRAMに書き込むんだよ。RAMは「Random Access Memory」の略で、読み書きがとっても速いんだ。

02 ● プログラムってどうやって動いているの?

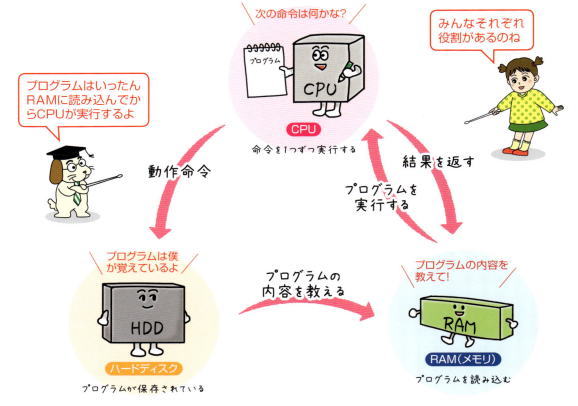

　CPU、RAM、記録メディアそれぞれに役割があるのね。でも、それだったらRAMがプログラムを覚えておけばいいんじゃないの?

　普通のRAMは電源を切ると記憶が消えてしまうんだ。だから、ずっと覚えておいてほしいプログラムは記録メディアに書き込むんだよ。記録メディアは、とてもたくさんのことを忘れずに覚えておいてくれるんだ。

コラム

コンピュータはプログラムの通りに動く

　昔から「コンピュータは思った通りには動かない。プログラムに書かれた通りに動く」と言われています。コンピュータが変な風に動いたとしても、それはプログラムの通りに動いているということ、つまりプログラムに間違いがあるということです。

プログラムってどんなところで使われているの?

 プログラムはスマホやパソコン以外のところでも使われているのかな?

 もちろん使われているよ。わかりやすいところはゲーム専用機のゲームソフトだね。

 家の中にもプログラムが使われているものはあるのかな?

 ななちゃんが見ているテレビにもプログラムが入っているよ。機械の中に入っていて、その機械をコントロールするための「組み込みプログラム」が使われているんだ。

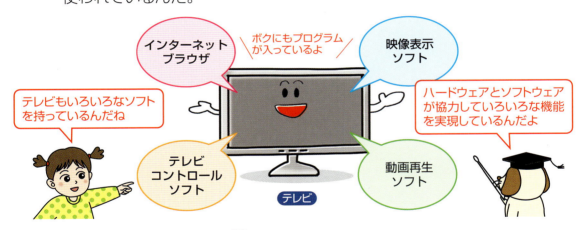

 プログラムはテレビにも入っているんだね！ だけど、スマホのアプリみたいに追加したり、変えたりはできないの?

 これまでの冷蔵庫やテレビなどの家電製品に入っているプログラムは、機器の中にはじめから組み込んであるから、後から変更したり追加したりはできないんだ。これらの組み込まれたプログラムは「ファームウェア」と呼ばれるメーカー独自のプログラムなんだ。最近では、インターネットに接続できる家電製品の中には、最新のファームウェアに更新ができる製品も出てきているよ。

03 ● プログラムってどんなところで使われているの?

 他にはどんなところでプログラムは使われているの?

 挙げきれないくらいたくさんの場所でプログラムは使われているんだけど、ななちゃんの身の回りだけでもたくさんあるよ。

MEMO

Q 04 コンピュータやプログラムはどんな風に生まれたの?

 コンピュータはどんな風に生まれたの?

コンピュータの歴史を汎用的な電子式計算機の歴史として考えると、1946年に「ENIAC」という世界で最初のいろいろな計算ができるコンピュータが生まれたんだ。「ENIAC」は、ペンシルベニア大学がアメリカ軍の依頼で大砲の弾を目的の地点に落とす計算（弾道計算）をするために作ったんだよ。

大砲を撃つ角度と弾が届く距離をコンピュータで計算していたんだ

最初のコンピュータは軍事目的だったんだね

 プログラム第一号はENIACで動いたの?

 実はそれより前にプログラムができる計算機「Zuse Z3」が1941年にドイツで生まれていたんだ。このプログラムは条件によって分岐することができなくて、命令を順に実行するだけだけど、プログラムの原型と言われているんだよ。

04● コンピュータやプログラムはどんな風に生まれたの?

第1章 そもそもプログラムって何?

※Copyright Venusianer(ドイツ博物館にあるレプリカ)

Zuse Z3を作ったコンラート・ツーゼさんは世界で最初のコンピュータ開発を目的とした企業を作った人でもあるんだよ

 そうすると「ENIAC(エニアック)」が現在(げんざい)のコンピュータのご先祖(せんぞ)なのね?

 実(じつ)はね、現在(げんざい)のプログラム内蔵方式(ないぞうほうしき)のコンピュータは英国(えいこく)ケンブリッジ大学(だいがく)で開発(かいはつ)されたEDSAC(エドサック)が最初と言われているんだ。EDSACは、プログラム内蔵方式(ないぞうほうしき)(ノイマン型(がた))をはじめて採用(さいよう)したという点(てん)で現在のコンピュータのご先祖(せんぞ)と言えるかもね。

EDSACはノイマンさんが発表したEDVACのアイデアについての論文からヒントを得て本家のEDVACよりも先に開発に成功したんだ

いろいろな問題が起きなかったらEDVACの方が先に完成したのにね

EDSAC

1949年完成　英国ケンブリッジ大学
※Copyright Computer Laboratory, University of Cambridge.

EDVAC

1951年完成　米国ペンシルバニア大学

その「ノイマン型コンピュータ」ってそもそも何？

それまでのコンピュータは、穴を空けた紙テープにプログラムを記録していて、読み込みミスや、紙が切れるなどのトラブルに悩まされていたんだ。ノイマン型はプログラムを主記憶装置と呼ばれる部品にあらかじめ記憶させる方式のコンピュータで、当時は主記憶装置には水銀を入れた管が使われていんだよ。そのため、以前に比べてプログラムの信頼度が劇的に向上したんだ。

 なんで「ノイマン型」って呼んでいるの？

このプログラム内蔵方式というアイデアは、ジョン・フォン・ノイマンさんが1945年に論文として発表して提唱したことからノイマン型と呼ばれているんだ。ちなみに、このアイデアはノイマンさんが一人で作ったものではないんだけど、論文の著者はノイマンさんだけになっているから、ノイマンさんの名前で広まっていったと言われているんだ。

質問05 プログラムの未来は?

 何でも万能なプログラムだけど、苦手なことはある?

 いい質問だね。実はプログラムの最大の弱点は「想定外に弱い」ことなんだ。たとえば、日本語のワープロソフトにアラビア語を入力しようとしてもできなかったり、オンラインゲームに想定以上の人数が参加してゲームが強制終了したり正常に動作しなかったりするよ。つまりプログラムは想定外の緊急事態に弱い性質があるんだ。

 コンピューターは人間と自由に話をするのも苦手?

 人間の会話は「ヤフオクやってる?」「どげんしたかと?」など、言葉の省略や方言などが突然混ることがあるから、まだまだ自動翻訳は正確にできない側面があるんだ。それと、人は会話の際に相手の事情・気持ち、その場の状況を総合的に判断して話すのに対して、コンピュータの自動翻訳は言葉そのものだけを機械的に翻訳するので、トンチンカンな翻訳になったりすることがあるね。

05 ● プログラムの未来は？

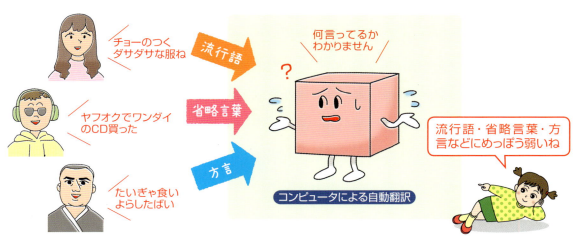

じゃあ、コンピュータはこれからあまり進化していかないの？

ところが今は人工知能「AI」がすごい勢いで進化しつつあるんだ。膨大なデータからコンピュータ自身が規則性を見つけ出して学習する「ディープラーニング」という技術が実用化されていくよ。つまり方言でも省略言葉でも正確に翻訳したり、患者さんにカメラを向けて会話するだけで正確な病名と治療法を瞬時に判断したりできるようになるんだ。

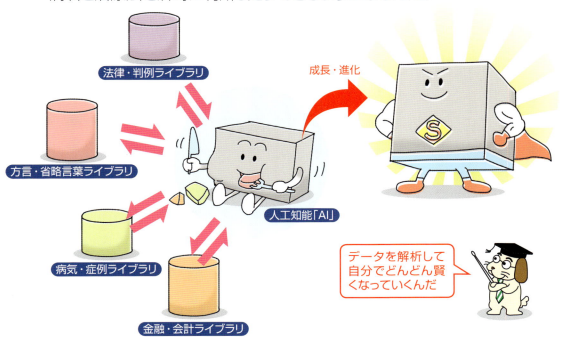

05 ● プログラムの未来は？

 はかせ、コンピュータはどこからそういうデータを探してくるの？

 それは重要な質問だね。人工知能「AI」を実用化していくためには、膨大なデータにコンピュータがアクセスできるようにしてあげる環境が必要だね。実はインターネット上には大学・銀行・証券会社・研究機関・交通機関・省庁などがデータを公開して共有する仕組みができつつあるんだ。これからまさにAIによる革命が起きようとしているんだよ。

 どうしてインターネットでデータを公開する流れになってるの？

 これまでは各企業・研究機関・役所などは、それぞれの組織だけでデータを独り占めしてきたんだ。でも、コンピュータ革命の中で日本だけ閉鎖的にしていはいられない流れが世界で起きているんだよ。

 それじゃあ、いち早くそういうデータを利用できた企業とそうでない企業で差ができていくのかな？

 そうなんだよ。すでに世界では金融革命が始まっているんだ。これまで銀行業や投資コンサルティング会社や保険業は別々の会社だったけど、それぞれの会社が持つをデータを自在に活用する新しい金融サービスをするソフト会社が登場してるよ。

なくなってしまう職業や新しく生まれる職業もありそうね。

かつてはあった下駄屋がなくなって靴屋が生まれたように、これからコンピュータに置き換わる職業もありそうだね。ただし、次に挙げた職業でも人間にしかできない仕事もあるからあまり心配しないでね。やはり人間の創造力、とっさの判断力、危機対処の能力はコンピュータより優れてるからね。

コンピューターに置き換わりそうな職業

職業	内容
医者	診察・手術・薬の処方
運転手	タクシー・トラック・バスの運転を自動化
先生・講師	AIによって生徒の理解度・集中力に応じて音声と映像で授業
天気予報	AIによって地区ごとにピンポイントで自動予測
パイロット	旅客機・輸送機・ヘリコプター・戦闘機などの操縦を自動化
弁護士・裁判官	AIによって過去の判例・法律の判断を補助または自動化
銀行員・保険員	AIによって投資情報の提供や資産運用を補助、または自動化
警察官・消防士	凶悪犯逮捕や危険な現場の救出作業はロボットが行う
農業・漁業	気象データや各種センサーを駆使して作業を補助または自動化
建築・土木	AIによる設計の補助。作業員のパワースーツなど
小売り業	万引き防止や商品管理などの自動化、店員のロボット化など
介護士	ロボット化やAIによって24時間対応できる体制

そういう時代が徐々にやって来るんだよ

えー！ エリートと言われる職業もロボットに代わっちゃうの？

 プログラムが進化したら、将来、働かなくてもよくなるのかな？

今とは仕事のやり方が全然違くなると思うよ。ロボットが仕事のパートナーになって、ロボットと協力して仕事をしていくようになると思うんだ。今は、まだない、新しい職業も生まれると思うよ。

第2章
そもそもプログラミング言語って何?

質問06 そもそもプログラムはどうやって作るの？

そもそもアプリって誰が、どうやって作っているの？

アプリはプログラマーと呼ばれる人達が、どういう内容（ジャンル、デザイン、機能など）にするかを考えて、プログラムを書いているんだ。プログラマーはソフト会社にもいるし、個人営業（フリーランス）でやっている人や、趣味でやっている人もいるよ。たとえば、ソフト会社でアプリを作る際には、一般的に次の手順で作業を進めるよ。

06 ● そもそもプログラムはどうやって作るの？

 プログラムって簡単に書けるものなの？

専門的なトレーニングが必要だよ。プログラムは「プログラミング言語」という特殊な文法で書く必要があるんだ。ななちゃんは日本語を話すけど、フランスではフランス語、タイではタイ語が話されてるよね。プログラムもそれと同じく専用の言語で書く必要があるんだ。

 どうして簡単な話し言葉でプログラミングできないの？

間違った手順にならないように、コンピュータに正確に手順を伝えるためだよ。話し言葉は、1つの言葉が別の意味で使われることもあるし、コンピュータにとっては、正確に意味を理解するのが難しいんだ。プログラムコードを入力するときも、話し言葉は長くなるから、プログラマーにとっても大変だよ。

06 ● そもそもプログラムはどうやって作るの?

 実際にプログラムを書く人の仕事の流れを見たいな。

 プログラムを書く仕事の流れは、次のようになるよ。

1 テキストエディタや統合開発環境でプログラムの命令書を書く。

2 正しく動くかテストする。

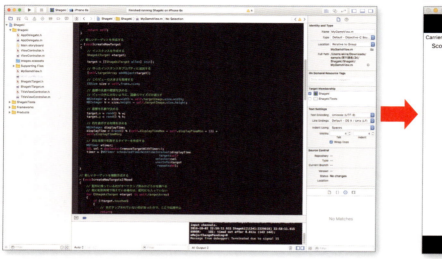

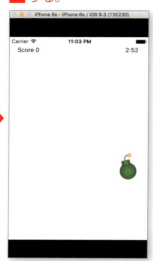

3 うまく動かないところがあったら、デバッガ(作ったプログラムに問題があったときのその原因を調べるプログラム)で原因を調べる。

4 すべての機能が正しく動くようになったら完成。完成するまでは**1**から**3**までの作業を繰り返す。

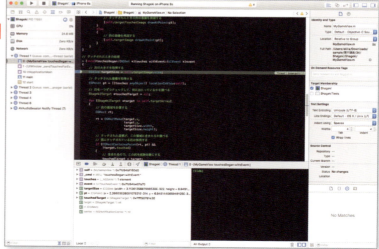

質問07 プログラミング言語にたくさんの種類があるのはなぜ？

 はかせ、プログラミング言語の文法さえ覚えれば、銀行のシステムもスマホのゲームも何でも作れちゃうから便利だね。

ちょっと待って。プログラミング言語は時代とともにたくさんの種類が生まれてきたんだ。そしてより便利に使えるように、言語そのものも進化しているんだよ。

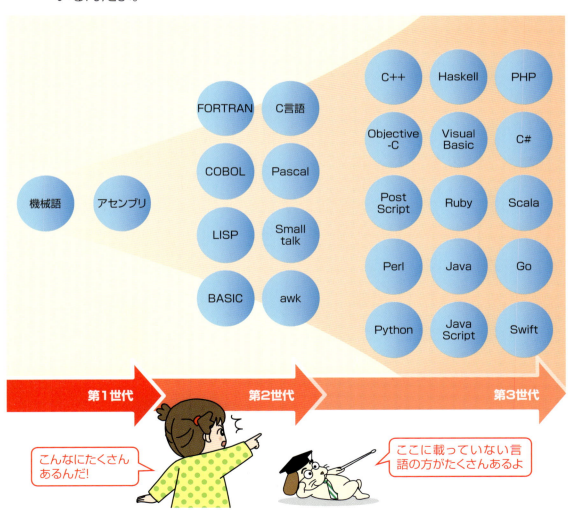

07 ● プログラミング言語にたくさんの種類があるのはなぜ？

 えー、こんなに種類があると、どれを勉強すればいいかわからないよ!!

 プログラミング言語によって、何に使われているかが大まかに決まっているんだ。ななちゃんが作りたいものを決めて、それを作るためのプログラミング言語を学ぶといいよ。

銀行のシステム
COBOL、Java

企業向けシステム
C#、Java

スマホアプリ
Objective-C、Swift、C、C++
Java

ウェブアプリ
Perl、PHP、Ruby
Python、Java
JavaScript

OS
アセンブリ、C
C++

組み込み・ロボット
アセンブリ、C
C++

iPhoneとAndroidで使うプログラミング言語が違うから注意してね

 なぜプログラミング言語は次々に生まれたり、進化したりしているの？

 もっと便利にできるんじゃないか、もっと使いやすくできるんじゃないか、ということを考えて進化しているんだよ。その中には、ハードウェアの進化や新しいテクノロジーが生まれたりしたときにも、それに応えてプログラミング言語は進化したり、新しく作られたりしているんだ。

 最初に生まれた機械語で統一しちゃえば、みんなが助かるんじゃないの？

 機械語は、CPUの中の動作の1つひとつに対して命令（コマンド）を書くものなんだ。機械語は数字の羅列で、人間にとっては読むのも書くのも大変な言語なんだよ。それに、CPUが変われば機械語も変わってしまうんだ。そうすると、そのプログラムを別の種類のCPUが入っているコンピュータで動くようにするには、全部書き直さないといけなくなってしまうんだよ。そこで、機械語の違いはコンパイラ（プログラミング言語で書かれたプログラムを機械語に変換するプログラム）が吸収するようになって、人間はプログラミング言語でプログラムを書くようになったんだ。プログラミング言語はCPUが変わっても同じにできるんだよ。

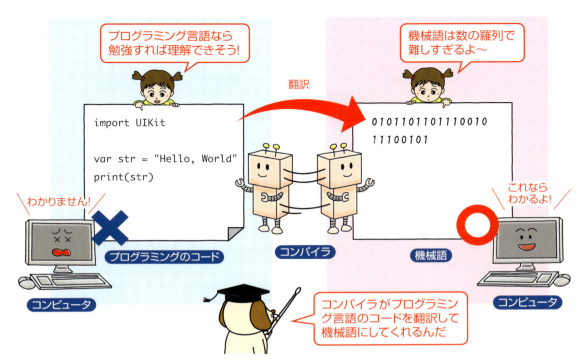

🤔 それなら、1つのプログラミング言語に統一しちゃった方がよかったんじゃないの？

👨‍🏫 いろいろな目的のプログラムが作られてくると、今度は、作りやすいものと作りにくいものが生まれてきたんだ。そこで、よく使われる分野や目的に合わせて、新しいプログラミング言語が設計されたんだよ。それと、コンピュータの進化で高度なことや複雑な処理をこなせるようになって、プログラミング言語も機能が追加されていったんだ。

💡コラム

機械語は1つだけ？

　機械語は、CPUによって用意されている命令の種類や個数などが違っていたり、データを記録する方法が違っていたりします。用意されていない命令は実行できないため、プログラムが使っている命令によって、使えるCPUが決まってしまうこともあります。

Q08 スマホのアプリを作るときに使う言語って何?

スマホのアプリを作るときはどのプログラミング言語を使うの?

iPhone向けのアプリはSwiftやObjective-C、Android向けのアプリはJava、Windows Phone向けのアプリはC#を使って作ることが多いよ。スマホのOSによって違うんだ。その他に、作る機能によっては、C言語やC++も使うよ。

「OS」って何?

OSは「Operating System」の略で、スマホやパソコンをコントロールするための基本ソフトだよ。

身近なOSの例

OS	説明
iOS	アップルが開発しているiPhoneやiPadのOS
Android	グーグルが開発しているスマホやタブレットのOS
Windows 10 Mobile	マイクロソフトが開発しているスマホや8インチ未満のタブレットのOS
macOS	アップルが開発しているMac用のOS
Windows	マイクロソフトが開発しているパソコン用のOS
Linux	オープンソースで開発されているサーバーやパソコンで使われているOS

08 ● スマホのアプリを作るときに使う言語って何？

OSはどんなことをしているの？

機器をコントロールして、基本的な機能を実行できるようにしたり、アプリと機器の間に立って、アプリの命令を機器に伝えて機器を動かしたり、機器の状態をアプリに教えたりしているんだ。アプリはOSの上で動くから、動かすOS用にそのOSのルールで作るんだよ。

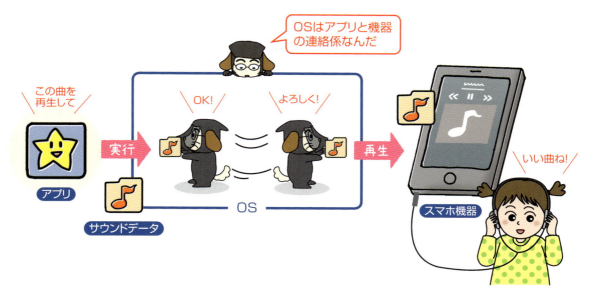

もしOSがなかったらどうなっちゃうんだろう？

OSがやってくれていることも全部アプリがやらないといけなくなってしまうよ。スマホとかパソコンのような高度なものだと、アプリを作るのはとても大変なことになってしまうね。アプリを起動する方法も作らないといけないし、電源をオン・オフする仕組みやディスプレイに表示する仕組み、少し考えただけでも、とてもたくさんあるよ。操作方法もみんなバラバラになってしまうね。

操作方法はOSが決めているの？

そうなんだ。どのアプリでも同じような操作で使うことができるのはOSが共通の操作方法を決めているからなんだよ。

08 ● スマホのアプリを作るときに使う言語って何？

 スマホとかパソコン以外のものでもOSは入っているの？

 デジカメやカーナビなどの家電製品にも専用のOS（組み込み用のOS）が入っているよ。ある程度、いろいろなことができる機械だと、その機械特有のことをできるようにするためのアプリを作って、それ以外の基本的なことは組み込み用のOSに任せてしまうんだ。

 家電製品には、OSは必ず使われているの？

 実は「組み込みシステム」の世界だとOSが入っていないこともあるんだ。規模が小さいプログラムや機械だと、組み込みOSがやってくれるようなことも、アプリがやるように作って、ハードウェアとアプリだけでその機械をコントロールするということもあるんだよ。

💡 コラム
アプリ開発に使われる言語は将来、変わるかも？
　iOSのバージョンが7だったころは、プログラミング言語のSwiftはまだ作られておらず、iOSアプリ（iPhoneやiPad向けのアプリ）はObjective-Cで作られていました。また、AndroidでもSwiftを使いたいという話も出てきています。将来的には使われる言語はどんどん変化するかもしれません。

💡 コラム
組み込みシステムとは
　組み込みシステムとは、ある用途に特化した電化製品や機械に組み込まれたコンピュータシステムのことです。「ある用途に特化した電化製品や機械」は、たとえば、テレビや掃除機、電子レンジ、電話機、体温計、AED、自動車のエンジンをコントロールする部品、産業用ロボットなど、さまざまなものがあります。

質問09 ウェブアプリケーションを作るときに使う言語って何?

ネットショップで欲しかったゲームを探してるんだー。

ななちゃんが見ているネットショップもプログラムが動いているんだよ。インターネットを通して利用するから「ウェブアプリケーション」って呼ばれているんだ。

そうなんだ。知らなかった……。その、ウェブアプリケーションのプログラムってどうなっているの?

ウェブアプリケーションはウェブブラウザ上で使うことが多いけど、大きく分けると、ななちゃんが直接、操作する画面(ウェブブラウザ)で動くプログラムと、データを出し入れしたり、計算したりするウェブサーバー側で動くプログラムに分けられるんだ。ウェブブラウザで動くプログラムを「フロントエンド」、ウェブサーバー側で動くプログラムやデータを管理するデータベースサーバーのプログラムを「バックエンド」と呼ぶよ。

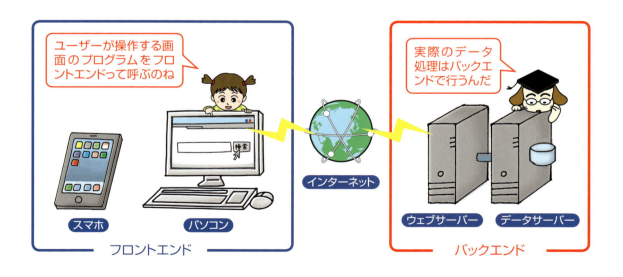

09 ● ウェブアプリケーションを作るときに使う言語って何?

フロントエンドとバックエンドで使うプログラミング言語は違うの?

どちらも共通して同じ言語を使うこともあるし、違う言語をいろいろと組み合わせることもあるよ。主にJavaScriptやPHP、Perl、Ruby、Pythonなどの「スクリプト言語」が使われているよ。

スクリプト言語はプログラミング言語とは違うの?

スクリプト言語はプログラミング言語の一種ではあるんだけど、簡易的な言語になっていて、インタプリタで実行されるんだ。インタプリタはスクリプト言語で書かれたプログラムコードを読み込んで実行するプログラムだよ。このプログラムコードのことをスクリプトと呼ぶんだ。簡易的な言語にはなっているけど、能力が低いわけではなくて、高度なことだってできるよ。

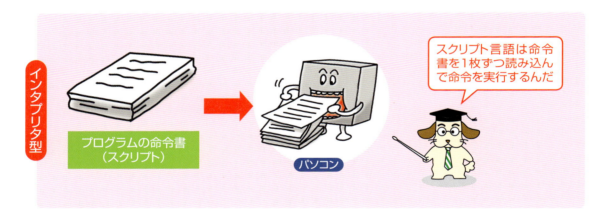

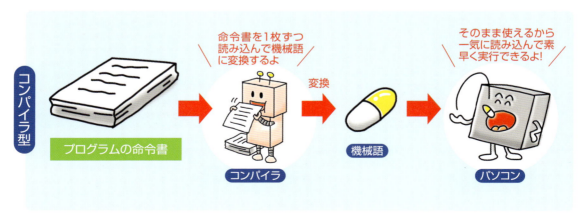

スマホやパソコンに表示される画面はすべてプログラムでできているの?

 お店紹介や通販サイトなどの画面の多くは、HTMLと呼ばれる簡単な命令語（マークアップ言語）で書かれているんだよ。プログラムで書くよりもはるかに簡単に、画面に表示する文字やデザインを指定できるんだ。

これがHTMLのソースコード。意外とシンプルな文法なんだ

これをブラウザで表示するとこう見えるのね

 そのHTMLというのは、わたしでも簡単に命令を書ける?

 エディタに手入力することもできるし、ホームページ作成ソフトを使ってワープロ感覚で作成することもできるよ。HTMLは比較的に簡単な命令だから、入門者向けにはぴったりかもしれないよ。

09 ● ウェブアプリケーションを作るときに使う言語って何?

> 💡 **コラム**
>
> ### ウェブアプリケーションを作る際に使われるその他の言語
>
> 　ウェブアプリケーションには、スクリプト言語の他に、JavaやC#、C言語、C++なども利用されています。特に大規模なウェブアプリケーションや、業務システム・金融関係のシステムなどはスクリプト言語以外で作られることが多いです。
> 　また、HTMLやCSSは、他のプログラミング言語で作成して、ウェブアプリケーションを利用する人によって変わるページを作ったりすることもあります。

> 💡 **コラム**
>
> ### 実行形態によるプログラムの違い
>
> 　プログラムは実行形態によって、下表のように「ネイティブプログラム」「インタプリタ型のプログラム」「仮想マシン型のプログラム」の3つに分類することができます。
>
> **実行形態によるプログラムの違い**
>
> | 実行形態 | 説明 |
> | --- | --- |
> | ネイティブプログラム | C言語やC++などを使って作る機械語のプログラム |
> | インタプリタ型のプログラム | JavaScriptやRuby、PHP、Perl、Pythonなどスクリプト言語で書き、インタプリタ上で動くプログラム |
> | 仮想マシン型のプログラム | JavaやC#など、コンパイラでコンパイルすると仮想マシン用の中間形式になるプログラム。実行するときに、仮想マシンが実際に実行するマシンのネイティブプログラムを作って実行する |

> 💡 **コラム**
>
> ### CSSとは
>
> 　CSSはHTMLの見た目を指定するためのスタイルシートという機能です。HTMLでウェブページの中身(構造や内容)を作って、CSSで飾り付けを行うというのが、最近では一般的なウェブページの作り方になっています。

質問10 OSってどんな言語で作るの？

OSはどんな言語で作られているの？

OSは1つのプログラムではなくて、たくさんのプログラムが組み合わさされていて、いろいろなプログラミング言語が使われているんだ。それぞれの言語の長所や、プログラムの目的によって言語を使い分けているんだ。

OSのプログラム

- C
- C++、
- アセンブリ

回路の制御

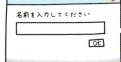
- C
- C++
- Swift
- Objective-C
- Java、
- C#　など

画面のデザイン（GUI）

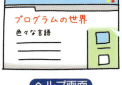
- HTML
- JavaScript、
- Perl
- PHP
- Ruby
- Python　など

ヘルプ画面

- C
- C++
- Perl
- シェルスクリプト
- JavaScript
- Perl
- Ruby
- Python　など

ターミナル画面

OSは、さまざまなプログラミング言語で作られたたくさんのプログラムが組み合わされているよ

アセンブリ言語っていうのは、あまり使われないんだね。

アセンブリ言語は、プログラミング言語の中で一番、機械語に近いプログラミング言語なんだ。機械語に近いということは、それだけ、ハードウェアのことを考えて書かないといけなくて、大変なんだよ。OSの中でもハードウェアと直接、やり取りしなければいけなくて、他の言語では書くことができないというときに使われるんだ。

質問11 そもそもプログラミング言語の得意なことが違うのはどうして？

 プログラミング言語がたくさんあるのはわかったけど、プログラマーの皆さんは混乱しないの？

 そうだね。プログラミング言語によって、得意分野がそれぞれ異なるから、目的に応じてたくさんのプログラミング言語ができたんだね。たとえば、同じ刃物でも木を切りたかったらノコギリ、大根を切りたかったら包丁、爪を切りたかったら爪切りというように目的に応じて使い分けるよね。プログラミング言語もそれと同じなんだ。

 プログラミング言語によって得意なことが違うのは、どうしてなの？

 言語によって、用意されている命令が違っていたり、文法が違っていたりするからなんだ。たとえば、Swiftでは並列処理を簡単に書くことができる文法が用意されているんだ。他にも、オブジェクト指向言語かどうかによって、プログラムコードをどのように組み立てていくかも変わってくるよ。

どうして、言語によって用意されている命令に違いが出てきたの？

新しいプログラミング言語が作られる理由が、すでにあるプログラミング言語の問題を解決することだったり、今あるプログラムを拡張するためだったり、生まれてくる理由が違うためだよ。

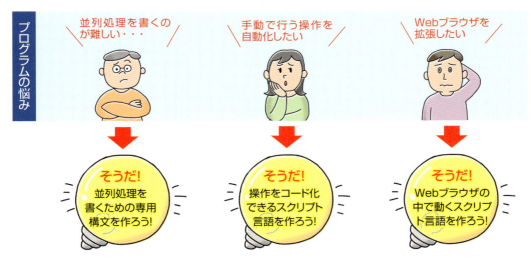

プログラミング言語が進化していく中で、プログラマーにとって仕事が楽になるようないいことはあるの？

実に鋭い質問だね。初期のプログラムは人間がすべての命令を手入力しなければいけなかったり、1文字でも間違えると、どこが間違えているを調べるのに膨大な時間がかかっていた時代があったんだ。今はそういう作業を手助けしてくれる機能が揃っていて、プログラミングはやりやすくなっているよ。これからも、もっと進化していくよ。

11 ● そもそもプログラミング言語の得意なことが違うのはどうして?

 プログラマーにかかる仕事の負担は減ってきているということ?

 初期のプログラム作成の大変さと比べると、さまざまな機能が用意されている今のプログラミング言語では、明らかにプログラマーの作業負担は減っているね。その代わり、より使い勝手がよく、お客様が望むアプリを作ったり、より高度な処理を行えるように工夫することに時間を使うようになっているね。プログラマーに「これで進化せずに寝て暮らしてよし!」ということはないんだよ! 頑張れ、ななちゃん!

💡 コラム

並列処理って何?

並列処理とは、違うコードや処理を同時に動かすことです。プログラムは普通は、1列に並んだ命令を順番に実行していくだけですが、並列処理になると、その列を2列にしたり、3列にしたりすることができます。並列処理ができると、時間がかかる処理を実行中でも、待たずに他のことができるようになります。

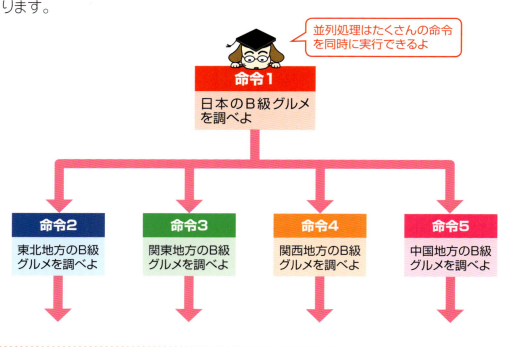

並列処理はたくさんの命令を同時に実行できるよ

命令1: 日本のB級グルメを調べよ

命令2: 東北地方のB級グルメを調べよ
命令3: 関東地方のB級グルメを調べよ
命令4: 関西地方のB級グルメを調べよ
命令5: 中国地方のB級グルメを調べよ

オブジェクト指向って何?

　プログラミング言語がどのような言語かという説明の中に「手続き型言語」や「オブジェクト指向型言語」という言葉があらわれることがあります。プログラムをどのように組み立てるかという方法の中に、「手続き型プログラミング」や「オブジェクト指向プログラミング」というものがあります。

　「手続き型プログラミング」の「手続き」は、命令や関数などのことを指していて、プログラムは一連の命令を持ったものと考えて、組み立てます。各命令に必要なデータは引数として渡されて、実行結果が戻り値として返されます。引数は入力データ、戻り値は出力データとも言えます。これをたくさん組み合わせてモジュールを作り、モジュールの組み合わせでプログラムを作ります。「手続き型言語」は「手続き型プログラミング」を行うためのプログラミング言語です。C言語などが代表的な例です。

　「オブジェクト指向」は、プログラムはオブジェクトが集まり、組み合わせたものとして考えます。各オブジェクトは、メッセージを送り合って、別のオブジェクトに何かを実行させたりします。各オブジェクトは、自分自身がどのようになっているかというデータ(プロパティ)や、自分自身は何者か(クラス)などの情報を持っています。メッセージは、「手続き型プログラミング」の命令と同じようなもので、引数と戻り値を持っています。「オブジェクト指向型言語」は「オブジェクト指向プログラミング」を行うためのプログラミング言語です。「オブジェクト指向プログラミング」ではいろいろな概念があるのですが、その概念を言語の機能として持っているプログラミング言語が「オブジェクト指向型言語」です。

関数型プログラミングと関数型言語について

　関数型プログラミングは、関数の組み合わせであらゆる処理を実装します。各関数は、今、どのような状態になっているかという情報は持たず、引数で渡された値に基づいて、結果を返します。引数が同じなら、いつ実行しても、同じ結果が返ります。この特徴を「参照透明性」と言います。

　いつ呼び出しても同じなら、本当に必要になるまで、実行しません。この特徴を「遅延評価」と呼びます。

　各関数を作るときは、関数が解決したい問題を小さく分割し、その小さな問題を解決する関数を作り、それを呼び出します。これを繰り返し、根底の問題まで掘り下げて関数を作っていきます。

　たとえば、「3」「5」「7」という3つの数があります。この3つの数の合計を計算したいときは、次のような考え方で関数を作ります。

①引数に渡された2つの数を計算する関数を作る。これを、たとえば「sum」とする。
②関数「sum」を使い、「5」と「7」の合計を計算し、「12」を求める。
③関数「sum」を使い、「3」と②で求めた「12」の合計を計算し、「15」を求める。

　プログラムコードで関数「sum」の引数として「5」と「7」を渡すことを「sum(5,7)」と書くとすると、③は「sum(3,sum(5,7))」と書けます。自分自身がさらに自分自身を実行する、このことを「再帰呼び出し」と呼びます。

　他にもありますが、これらの特徴は関数型プログラミングの大きな特徴です。関数型言語以外にも取り入れられています。

　関数型言語は、関数型プログラミングの特徴と考え方を取り入れたプログラミング言語です。たとえば、「Haskell」や「Lisp」、「OCaml」のような言語があります。

　関数型言語を使えば、「手続き型言語」や「オブジェクト指向型言語」とはまた違った考え方でのプログラミングができるでしょう。

質問12 プログラムを作るのに必要な機器は何?

スマホアプリを作るんだからスマホだけあればOKだよね?

あー、それが違うんだよ。プログラムの開発にはパソコンが必要だよ。なながちゃんなら、ノートパソコンがおススメだよ。

ノートパソコンならどの種類でもいいの?

現在、パソコンの主流は、WindowsとMacの2種類に大別されるんだ。基本的には、プログラムの開発はどちらでもできるから、後は好みで選んでいいよ。ただ、Windowsでしかできないこと、逆にMacでしかできないこともあるから、何を作りたいかなど、事前に調べておいてね。

Macのノートパソコンの例

Apple社の販売するノートパソコン。OSは「macOS」

Windowsのノートパソコンの例

DELL、NEC、HP、LENOVO、東芝など、複数メーカーが販売するノートパソコン。OSは「Windows」

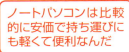
ノートパソコンは比較的に安価で持ち運びにも軽くて便利なんだ

12 ● プログラムを作るのに必要な機器は何？

 えー、はかせ、「Windowsにしろ」とか「Macにしろ」とか決めてくれた方が安心できるんだけど……。

仕方ないな。この本の著者の林先生の仕事場の写真を内緒で見せて上げよう。

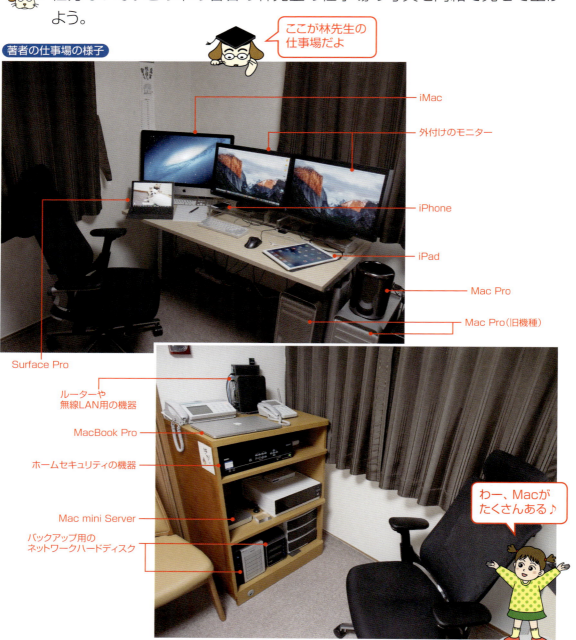

コラム

林先生へのインタビュー

Q. 林先生は主にどんなプログラムを開発しているんですか？

写真やビデオの編集アプリです。

Q. プログラム開発歴を教えてください。

小学校5年生のときからプログラミングを始めました。26年間、プログラミングをしています。

最初はN88-BASICというプログラミング言語でプログラムを始めて、C言語、Pascal、C++、Objective-C、Swift、Java、JavaScript、PHPなどの言語を扱ってきました。

Q. この仕事で楽しいこと、大変なことを教えてください。

書いたプログラムが思っていたように動いたときがとても楽しいです。新しい技術を覚えて、それを試してみて、動いたときも感動します。大変なことは、スケジュールに間に合わせることです。バグが見つかってそれを直す時間も入れて、スケジュールに間に合わせないといけないことです。

Q. プログラム作りを目指す子供達にメッセージを。

何かを作るというのはとても楽しいことです。楽しいから仕事にして、ずっと続けています。楽しくやっていることが世界を変えてしまうほど影響を与えられる、自分が作ったものが世界中で使われているというのはとても刺激的で、何とも言えない気持ちです。

皆さんもプログラミングの楽しさを知って虜になると思います。そして、皆さんが作ったプログラムもいつか、世界中で使われて、いろいろな人の夢を叶えたり、いろいろな人の役に立ったりすると思います。つらいこともあると思いますが、「誰かの役に立っている」「自分のプログラムを待っている人がいる」、そして「プログラム作りは楽しいことだ」ということを思い出して、プログラムを作っていってください。

質問13 プログラムを作るための道具ってどんなもの?

パソコンが用意できれば、すぐにプログラミングができるね!

ちょっと待って。パソコンを用意しただけでプログラムを作れるというわけじゃなくて、次のような道具(ソフト)を使うんだよ。

プログラム	説明
テキストエディタ	ソースファイルを作るためのテキストエディタプログラム。ソースファイルはソースコード(プログラムコード)が書かれたテキストファイル
コンパイラ	ソースファイルを読み込んで、コンピュータが理解できる機械語(ネイティブコード)で書かれたオブジェクトファイルに作るプログラム
リンカ	コンパイラが作ったオブジェクトファイルを組み合わせて、プログラムを作るプログラム
デバッガ	作ったプログラムに問題があるときに、その問題の原因を探すためのプログラム
バージョン管理システム	ソースファイルの共有や変更した内容を管理するシステム
統合開発環境	テキストエディタ、コンパイラ、リンカ、デバッガなどの機能を持った総合的なプログラム
インタプリタ	スクリプト系の言語で使われるプログラム。スクリプトをそのまま解釈して実行するプログラム

プログラマーが一番多く使うのは統合開発環境(IDE)だよ。統合開発環境を使うと、上の表に書かれているような、いろいろなプログラムの組み合わせを自動的にやってくれたり、GUI(グラフィカルユーザーインターフェイス)がないソフトも、GUIで操作できるようになるんだ。

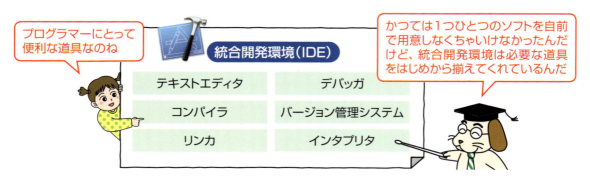

13 ● プログラムを作るための道具ってどんなもの?

 プログラムを作るための道具はどこにあるの?

 スマホのアプリを作るための統合開発環境は無料でダウンロードすることができるようになっているんだ。スマホのOSを作っている会社のウェブサイトなどで調べてみるといいよ。インターネットで検索しても見つかるよ。

 パソコンのアプリを作るのにも使えるの?

 パソコンのアプリを作るのにも同じ開発環境が使える場合が多いよ。だけど、本格的なパソコンのアプリを作るためのものは有料の場合もあるんだ。昔は有料の方が一般的で、スマホが出てきて無料のものが普及してきたんだよ。

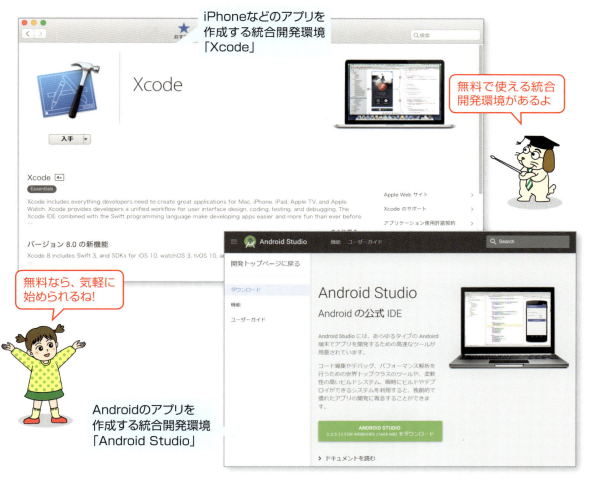

iPhoneなどのアプリを作成する統合開発環境「Xcode」

無料で使える統合開発環境があるよ

無料なら、気軽に始められるね!

Androidのアプリを作成する統合開発環境「Android Studio」

ところで、はかせ。スマホのプログラムもパソコンで作るんだよね。でも、アプリストアからダウンロードしないとスマホにアプリを入れることができないよ。どうやって自分で作ったプログラムをスマホに入れるの？

作っている途中のプログラムは、USBケーブルやWi-Fiを使って、スマホに入れることができるんだよ。少し前からは自分のスマホにインストールして動作確認することも無料でできるようになったんだ。

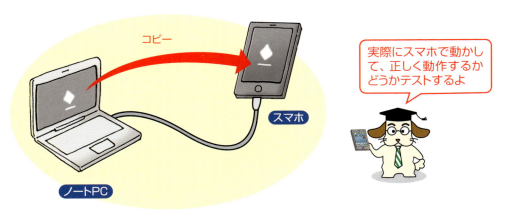

それなら、アプリストアを使わないでもアプリを配れるの？

開発用にスマホに入れる方法は、事前に登録したスマホにしかできないんだ。だから、ウェブサイトで公開して、ダウンロードしてもらうみたいなことはできないんだよ。完成したアプリを配るには、アプリストアに登録しよう。

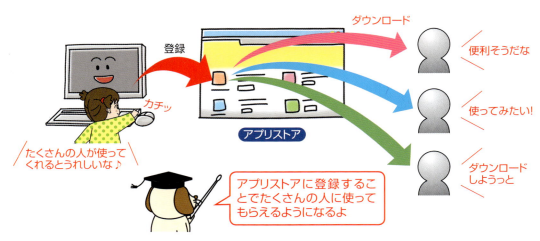

13 ● プログラムを作るための道具ってどんなもの？

機械を使うプログラムはどうやったら作れるの？

　スマホをリモコンのように使って自由に空を飛ぶことができるドローン、スマホから明るくしたり、暗くしたりすることができる照明など、スマホからコントロールすることができる機械がいろいろ増えています。

　自分でもこのような、機械をコントロールするアプリを作ってみたくはないですか？　たとえば、もっとかっこいい画面を作ったり、ボタンを1つタップするだけで、自分がやってほしい設定を一気に設定してくれるような機能を作ってみたくはないですか？　スマホと連携する機械の中には、自分でそのようなアプリを作ることができるように、必要な道具や情報を公開しているものがあります。

　機械と連携するための道具や情報とはどのようなものでしょうか？　スマホと連携する機械の多くは、Wi-FiやBluetoothなどの無線通信を使っています。ネットワークに専用のコマンドやデータを送信すると、機械がそれに合わせて動いてくれたり、センサーのデータを送ってくれたりします。これらのコマンドやデータを作るためのプログラムやプログラムコード、内容について解説した資料などが道具として用意されています。

　このようなプログラムを作るために必要なものをまとめて、SDK（Software Development Kit）と呼びます。SDKは多くの場合、その機械のサポートサイトなどで公開されています。アプリからコントロールしてみたいと思った機械があったときは、SDKが公開されていないか、ウェブサイトでチェックしてみましょう。

アイロボット社の自動掃除機「ルンバ」を使った
ロボット開発応援プロジェクト公式サイト
URL　http://science.irobot-jp.com/

機械も作れる!?

　機械と連携するアプリを作ってみると、機械そのものを作ってみたくはならないでしょうか？　お店で買ってきたものはとてもよくできていますが、どこか物足りない感じがしてしまうことはないでしょうか？　たとえば、時計やペン立てにもなるスマホのスタンド、自分が気に入っているスマホケースを装着したままだと、大きさが合わなくて、使えないということはないでしょうか？

　機械やグッズも自分で作れるようになりました。3Dプリンタを使えば、複雑な形をしたスタンドも自分の好きな形、好きな大きさで作ることができます。ケースを装着したままのスマホでも入るような大きさのスタンドを作ることもできます。単なる時計ではなく、スピーカーやスマホと通信するための通信モジュール、小さなコンピュータ、時間を表示するための液晶をスタンドに取り付ければ、スマホの中に入っている音楽を再生できる機能を持った世界で1つだけの、自分専用の音楽再生機能が付いたスマホスタンドができてしまいます。

　このようなものを作るために必要な小さなコンピュータ、通信モジュール、3Dプリンタなどを、誰でも購入することができるようになりました。スマホのアプリも、小さなコンピュータに入れるプログラムも作れるようになりました。作ったものをインターネットを使って世界中に発表することもできます。「ちょっと欲しいな」と思ったそのアイデアが、もしかすると、世界を変えてしまうかもしれません。

DMM.com社が提供している3Dプリント出力サービス
URL　http://make.dmm.com/print/

第3章
作ったプログラムはどうやって発表したらいいの？

質問14 自分で作ったアプリはどこに発表したらいいの？

スマホのアプリを作ったらみんなに使ってもらいたいよね？　どうすればいいの？

iOSアプリ（iPhoneやiPad向けのアプリ）とAndroidアプリのそれぞれで、次のような流れでアプリストアに登録すればいいんだよ。

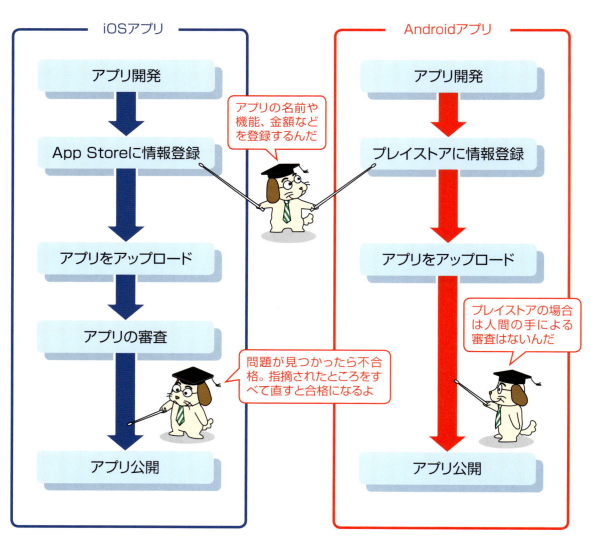

14 ● 自分で作ったアプリはどこに発表したらいいの?

高い値段を付ければ億万長者になれそうだね。

アプリの値段は100円とか200円が多いし、無料のアプリもたくさんあるよ。あまり高いと誰も買ってくれなくなるリスクはあるよね。ななちゃんだって250円のケーキは気軽にお母さんにおねだりできるけど、15万円のケーキはおねだりできないでしょう?

売れるアプリを作るにはどうしたらいいの?

「こんなのがあるといいなぁ」「こんなところにみんなが不便さを感じているんだよなぁ」という要望(ニーズ)に応えてあげるとたくさんの人がアプリを使ってみたくなるよね。たとえば、目的地までの電車の乗り継ぎアプリ、電話料金がかからない通話アプリ、地震や大雨の災害情報をいち早く教えてくれるアプリなどは、そういう要望に応えたから大勢の人に使われてるんだよ。

地図アプリ

電車乗り換えアプリ　無料テレビ電話アプリ

災害情報アプリ

ラジオアプリ

要望に応えるアプリだとたくさんの人に使ってもらえる可能性があるよ

第3章　作ったプログラムはどうやって発表したらいいの?

55

14 ● 自分で作ったアプリはどこに発表したらいいの？

 アプリのストアがない時代には、どこでアプリを入手できたの？

 ななちゃんはスマホ世代だからストアからのダウンロードしか経験ないよね。インターネットが普及していない時代は、パソコンショップ・通信販売などで入手していたんだ。アプリはフロッピーディスクやCD-ROMに収録されていたんだよ。インターネットの普及でアプリ販売の形態も大きく様変わりしたんだよ。

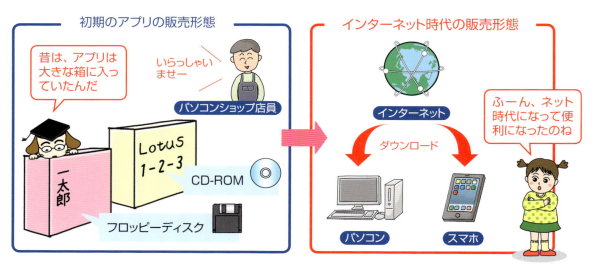

コラム
アプリストアの登場前後で変わったこと

　スマホではCDやDVDでアプリをインストールすることができないため、手軽にアプリを入れられる仕組みが必要になりました。そこで登場したのがアプリストアです。スマホやタブレットでアプリストアが普通に使われるようになり、アプリストアを通してアプリを購入したり、インストールするということが当たり前になりました。その結果、パソコンでもアプリストアが使われるようになりました。パソコンショップでの販売が主流だったころに比べると、アプリストアは手軽にアプリを購入でき、価格も安くなりました。無料のものもたくさんあります。販売することも簡単になったので、多くの人がアプリを作るようになり、アプリの数もたくさん増えました。

質問15 どうして無料でプログラムを配れるの?

スマホのアプリには無料のものがたくさんあるけど、どうしてタダで配ることができるの? せっかく作ったのに損をするんじゃない?

アプリストアやウェブサイトなどでダウンロード無料になっているプログラムには、お金をもらう必要がないから無料になっているプログラムと、プログラム自体を無料にしても、お金をもらう方法が作り込まれているプログラムの2種類があるんだ。

ものすごい数の無料アプリが配信されているよ

第3章 作ったプログラムはどうやって発表したらいいの?

15 ● どうして無料でプログラムを配れるの?

どうしてせっかく作ったアプリを無料にするの? もったいないじゃん?

デパートやスーパーで「試供品」を無料配布していることがあるよね。無料だと多くのユーザーが「お試し品だから、とりあえず使ってみる」という気持ちになり、より多くのユーザー(お客さん)を獲得しやすいんだ。アプリの無料化は、作り手のそれぞれの思惑や目的があるんだよ。

アプリを無料にするのにはそれぞれの理由があるんだ

ソフト会社
- 大量のユーザーを獲得したい
- 知名度や認知度をアップしたい

個人プログラマー
- 趣味だからお金はいらない
- 知名度や認知度をアップしたい

でも無料だとソフト会社がつぶれちゃったりしないの?

実はアプリを無料で配布しても、アプリの作者がお金を稼げる方法があるんだ。そこが無料アプリが多い理由でもあるんだよ。

無料アプリ

広告料で稼ぐ
無料アプリに表示される広告から報酬を受け取る。広告主は人気アプリに広告が載ると売上がアップして儲かるから、アプリ作成者に報酬を支払える仕組み。

オプションで稼ぐ
有料だけどさらに便利な機能を用意して報酬を受け取る。ゲームでアイテムを有料化するなどの手法。ストア内で「アプリ内課金あり」と表示されている。

個人プログラマーでも人気アプリの作者はこの方法でたくさん稼いでいる人もいるんだよ

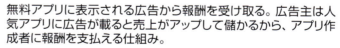

でもアプリに表示されている広告なんて全然興味ないよ。本当に稼げるの？

ななちゃんはテレビでビールのCMを見て、ビールを買いたいとは思わないよね。でも会社帰りで喉が渇いていたお父さんがそのCMを見たら、買いたくなるかもしれないよね。つまりCMはより多くの人の目にとまれば、その中に一定割合で「その商品が欲しい」と思う人がいるんだ。アプリやニュースサイトに表示される広告も同じだよ。

 広告もアプリ内課金もない無料アプリもあるよね？

そうだね。そういうアプリは純粋に無料奉仕でプログラムを提供している個人や会社だね。また、家電メーカーが自社のエアコンを省エネ活用するための無料アプリや、ショップがイベント情報やお買い得情報を配信したり、クーポン配布したりするための無料アプリがあるね。つまり本業をサポートするために無料配布するアプリもあるよ。

質問16 プログラムの中身を無料公開する人達がいるのはなぜ？

 自分の書いたプログラムの中身を公開している人がいるって聞いたけど本当？

 本当だよ。オープンソースソフトウェア、略して、OSSと呼ばれているプログラムだよ。OSSのプログラムには広く使われているものもたくさんあるよ。たとえば、次のようなプログラムがあるんだ。

OSS
Open-source software

> OSSは大勢のプログラマーが集まって、プログラム言語やアプリを無償で共同開発するという新しい開発手法として、とても注目されているんだ

プロジェクト名	概要
Apache HTTP Server Project	Webサーバープログラム
PostgreSQL	データベース管理システム
LibreOffice	ワープロ、表計算、プレゼンテーションなどのオフィスプログラム
LLVM Compiler Infrastructure	コンパイラ、リンカ、デバッガなどのツールチェーン
Git	ファイルのバージョン管理システム
ATOM	テキストエディタ

 それじゃ、勝手に自分の作品として改良したりされちゃうんじゃないの？

 もちろん、悪いことをしようと思ったらできてしまうよ。だけど、それ以上にメリットの方が大きいんだ。プログラムコードが公開されているということは、誰かが見ていて気付くから、悪いことをするプログラムは作れないよね。それに、何か問題があったり、欲しい機能があったときには、プログラマーなら自分で改良することができるし、それを提供すれば、プロジェクト

にも貢献できるんだ。プログラムの改良だけではなくて、翻訳の提供やデザインファイルの提供をする人もいるよ。みんなで開発を分担しているから大規模なものも作ることができるし、いろいろな動作環境やいろいろな国の言葉にも対応することができるんだ。みんな自分の仕事にも使えるようにしたいから、少しずつ協力して発展させているんだよ。

オープンソースにはどんな人がどういう目的で参加しているの？

ボランティアや趣味の人、研究者さん、学者さん、学生さん、企業のプログラマーなど、いろいろだよ。目的も勉強や趣味で作っている人から、自分の仕事や自分たちの会社の業務に使うために作っている人もいて、人それぞれだね。

コラム

企業がなぜOSSに参加するのか？

　オープンソースソフトウェアは、プログラムコードが公開されており、誰でもインターネットからプログラムコードやプログラムを無償で入手できることが一般的です。そのようなオープンソースソフトウェアの開発に企業が参加するのはなぜでしょうか？

　理由はいくつかあります。その中の1つは、自社の商品を補助する目的のプログラムがあって、それを支援するということもあるでしょう。また、プログラムそのものは無償でも、そのプログラムを効率的に利用したり、使いたい企業に合わせて改造する必要があるなど、プログラムを利用するときに、専門的な技術や知識が必要という場合に、その部分を提供するサービスを有償で行うということもあります。

　自社のプログラムをオープンソースにすることで、世界中のプログラマーの力を借りて、品質や機能を高めるという目的の場合もあります。また、プログラム自体が無償であることで、試してもらえる可能性が高くなります。

　このように、プログラムそのものは無償であっても、企業が仕事として、オープンソースに参加する理由やメリットは十分にあるでしょう。

質問17 プログラムにもオーダーメイドがある!?

 近所のお店では、持ち帰りのお弁当の予約がアプリからできるんだよ。お弁当屋さんなのにプログラマーがいるのかな?

 たぶん、ソフト会社にアプリを作ってもらったんだと思うよ。プログラム開発にもオーダーメイドがあるんだ。

 オーダーメイドで作るプログラムにはどんなものがあるの?

 依頼されて作る場合は、依頼した会社専用のシステムを作ることや、機器を作っている会社がその機器と組み合わせるようなアプリが多いよ。たとえば、次のようなものがあるよ。
- ホテルや旅館などの予約システム
- 通信販売サイトのECシステム
- 給与システム
- 人事システム
- 会計システム
- グループウェア
- 文書管理システム
- これらのシステムを操作するアプリ
- 家電製品の操作アプリ

🙋 ゲームとかのスマホのアプリを売っている会社は、自分たちでアプリを開発しているの？

🐶 ゲームやスマホのアプリも依頼して作ってもらっていることもあるよ。他にも、自社で企画して作っていても、自分たちだけでは手が足りないときや、技術的に難しいときには、それらが得意な会社に協力してもらって、一緒に作るということもあるんだ。

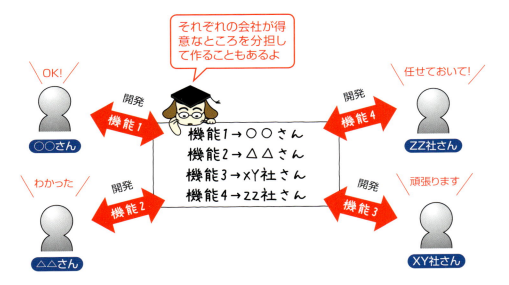

🙋 わたしがアプリの制作をソフト会社に依頼するといくらかかるの？

🐶 アプリ開発に必要な金額は、制作するアプリの内容によっても大きく変わるよ。数百万円から数千万円くらいまで幅があるんだ。相場もピンキリで、会社の規模や担当する技術者の腕や能力、経験で大きく金額が変わるんだよ。プログラマーに必要な費用だけでも、1人のプログラマーの1カ月分の費用が、100万円くらいから200万円くらいまで幅があるし、プログラマーの人数や必要な日数だけ金額も増えていくんだ。あと、アプリ開発の原価は、プログラマーの費用だけではなくて、次のような費用も加算されるよ。

17 ● プログラムにもオーダーメイドがある!?

項目	説明
プロジェクト管理費	複数人のエンジニアが担当するときは、プロジェクトを管理する管理者の費用が必要なことがある
試験費用	開発したアプリが正しく動くことを確認するための試験を行うエンジニアの費用
デザイン費用	画面やアプリのアイコン、ボタンのアイコンなどデザイナーが必要な素材を作るための費用
ライセンス費	他の会社が作っている特別なプログラムを組み込みたいときや、特許で保護されている技術を使用したいときなどに、使わせてもらうためのライセンス費
その他	ゲームであれば、BGMや効果音などの作成費用、説明書も依頼したときは説明書の作成費用など

 すごい高額になるんだね!?

 費用には、プログラマーやデザイナーのお給料だけではなく、著作権を譲り渡す費用が含まれているんだ。それと、希少性の高い高度な技術を提供するための費用でもあるんだ。経験が浅いエンジニアの方が単価は安くなる傾向があるけど、日数や人数がベテランよりも多く必要だったり、品質面で問題が出て、修正する費用が大きくかかってしまうこともあるから、単価だけで高い安いは言えないんだ。また、ソフト会社だけで全部できるわけではないから、複数の専門会社に依頼しないといけないこともあるよ。

💡コラム

アプリを続けるのに費用がかかる!?

　アプリを作った後も、ランニングコストといって、アプリを維持するためのお金が必要なこともあります。たとえば、クラウドサーバーを借りるときは、クラウドサーバーの利用料が必要になります。それと、新しいOSや新しいハードウェアが出たときに、それに対応するためには、プログラムを変更しないといけないことがあります。それらに対応したいときには、改めて変更作業に対する開発費が必要になります。

質問18 プログラムは勝手に配ってはいけない？

 わたしの家にもDVDに入っている宛名ソフトがあるけど、毎年、使っていて便利だから友達にも貸してあげようかなー。

 ダメだよ、ななちゃん。プログラムは勝手に他の人に配ったりしてはいけないんだよ。プログラムは「ライセンス」でやっていいことと、やってはいけないことが決まっているんだ。

 「ライセンス」って何？

 ライセンスはプログラムを使うための権利や条件のことだよ。ライセンスの中で、他の人にプログラムを勝手に配ってはいけないということも決められているんだよ。プログラムの価格はライセンスをもらうための条件の1つだよ。

 どのプログラムもライセンスって同じなの？

 ライセンスにはいくつか種類があるよ。大きく分類すると、次のようなものがあるんだ。この中でさらに分かれていくんだ。

ライセンスモデルの例

ライセンスモデル	説明
オープンソースライセンス	プログラムコード（ソースファイル）も公開されているプログラム。ほとんどの場合は無償で入手できる
フリーウェア	無償で入手できるプログラム。ソースファイルは公開されていない場合が多い
シェアウェア	一定期間、無償で使用でき、期限を超えて使いたい場合は、ライセンスを購入する必要があるプログラム
ダウンロード販売	ライセンスを購入するとダウンロードできるプログラム
サブスクリプションモデル	月契約や年契約など、契約している間は使用できるプログラム。プログラムそのものは、ダウンロード形式になることが多い

第4章
そもそもプログラマーってどんな人?

質問19 プログラマーってどんなことをする仕事?

 プログラマーって誰でもなれるの?

 プログラマーには理工系の大学や専門学校で専門知識を学んできた人が多いんだ。でも文系の学校を出た人や、まったく畑違いの職業の人が独学でプログラマーになっているケースも多いんだよ。

- コンピュータ学科
- IT学科
- 理工学部
- 情報メディア学科
- 情報デザイン学科
- 情報工学科
- システム理工学部
- 工学部
- 情報コミュニケーション科
- ソフトウェア工学科

多くは大学や専門学校でIT知識を身に付けてソフト会社に就職するんだよ

 なぜ文系出身のプログラマーも多くいるの? 専門外なんじゃないの?

 プログラムを作るには理数系の能力も必要だけど、プログラムそのものは一般の人に役立つために作るんだ。だから世の中で何が起こっていて、どんなものがあると喜ばれるのかをイメージする能力は、文系のセンスも必要なんだよ。

世の中のニーズは多様性に満ちてるのね!

スマホ上でお絵かきしたいなあ

子供の入園式のビデオを簡単編集したい

スペイン語で会話したい

2人のラブラブ写真を簡単に年賀ハガキに印刷したい

電車の乗り継ぎの路線を知りたい

19 ● プログラマーってどんなことをする仕事？

プログラマーはプログラムを書くお仕事だけをしていればいいの？

実は「プログラムを作る」という仕事には、もっとたくさんの仕事が含まれているんだ。

プログラムを作るときに直接、関わる仕事や作業

仕事・作業	作業内容
企画・調査検討	仕様を作る前段階の調査作業。使う人に聞き取りをしたり、どんなプログラムが必要か、どんなプログラムが作りたいかなどを、考えるために必要な情報を集める作業
仕様の作成	プログラムが何をするのかや、どんな風に操作するのかなどを決める
設計	仕様を実現するために、どのような仕組みにするのかなどを考えたり、決めたりする
デザイン	画面やボタンなどのユーザーインターフェイスをデザインする
リソース作成	プログラムの中で再生する効果音やBGM、画面に表示するCGの作成、ボタンなどの画像データ作成、アニメーションや動画の作成など、プログラムが使用するデータを作成する
コーディング	プログラミング（プログラムコードを作成する）を行って、プログラムを作る
インフラ構築	プログラムが通信するサーバーやネットワーク設備などの開発・運用などを行う
評価・試験	プログラムが仕様通りに動作するか、不具合はないか、操作性はおかしくないかなどを確認する作業。自動テストツールなどを組み合わせて、自動化したテストと、実際に操作して確認するテストなど、いろいろなテストを行う
デバッグ・改修	試験・評価で見つかった不具合や、変更した方がいいと判断したことなどを修正していく作業

こんなにたくさんの仕事を一人でこなすなんて大変だね。

企業が作っているプログラムの場合は、それぞれ専門の人達が担当するんだ。当然、専門家が会社にいなかったり、個人で作っていたりする場合などは、専門ではなくても、必要なことを頑張って行うこともあるよ。どちらかというと、そういう場合の方が多いんだ。プログラマーが一番多く行うのは、「コーディング」「デバッグ・改修」という作業だよ。

19 ● プログラマーってどんなことをする仕事？

作業	担当する人
企画、調査検討、仕様の作成	プログラムの開発を依頼する人、プログラムのアイデアを考えた人など
設計	システムエンジニアやプログラマー
デザイン	デザイナーや仕様作成者。単純な入力画面などはシステムエンジニアやプログラマーが行うこともある
リソース作成	ボタンのデザインやCGはデザイナー、音楽や効果音は作曲家やレコーディングエンジニアなど
コーディング	プログラマー
インフラ構築	インフラエンジニア
評価・試験	テストエンジニア
デバッグ・改修	プログラマー

システムエンジニアとプログラマーは別の職種？　どっちが偉いの？

一般的にはシステムエンジニアがプログラム作成のプロジェクト全体の管理や設計をして、プログラマーは設計書に沿ってプログラムを書く人を指すよ。だけど、現場によっては双方の仕事の区分けがなく同じ仕事をしているケースも多いんだ。それぞれの協力関係で成り立つからどちらが偉いとか偉くないとかはないよ！

ソフト会社はプログラムを作る人達以外にも別のお仕事の人はいるの？

作ったプログラムを販売する人、お客様からの問い合せを受け付ける人、会社のお金を扱う人など、多くの人達の支えがあってソフト会社は成り立ってるんだよ。

仕事	内容
商品企画	製品としてどのようなプログラムが必要か考えて、企画をする
広報	プログラムを含む製品を宣伝したりして、広く世の中に伝える
Webデザイナー	プログラムを含む製品のサポートや宣伝を行うWebサイトを作る
営業	プログラムを含む製品を販売する
問い合わせ担当	プログラムへの問い合わせなどに対応する

19 ● プログラマーってどんなことをする仕事?

プログラマーはどれくらいの年収もらえるの?

ななちゃん、ズバリ突いてくるね。統計では平均で350万円～550万円の年収と言われているね。また、会社に属さずにフリーランスで働くプログラマーもいて1000万円以上を稼ぐ人もいるよ。でもね、プログラマーに限らず、どの職業も、会社や能力によって千差万別なんだよ。マイクロソフトやグーグルの天才プログラマーと呼ばれる人達の中には、何億円もの年収を稼ぐ人もいるよ!

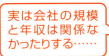

71

プログラマーになるにはどんな資格が必要なの？

実はプログラマーに「必要な資格はない」とも言えるんだ。何をどういう品質で作れるかという能力がすべてだからね。でもソフト会社に入社する際の面接では資格はある方が断然有利だよ。たとえば、次のような資格が参考になるよ。

- **情報検定（J検）**
  基本情報処理技術者試験の入門向けの資格。情報システム試験ではシステム認定（SE対象）とプログラマー認定（プログラマー対象）の2つの分野がある。

- **IPA基本情報処理技術者試験**
  プログラマーとして仕事する上での基本的な概念やアルゴリズム、データ構造などの知識の習得を証明する基礎的な資格。

- **IPA応用情報処理技術者試験**
  IPA基本情報処理技術者試験の上位の資格。各種の専門的な内容に特化し、システムエンジニアの必須資格。

- **Ruby技術者認定試験制度**
  Rubyによるシステムを設計・開発・運用したり、Rubyでシステム提案を行うコンサルタント、Rubyの講師を対象とした認定試験制度。

- **C言語プログラミング能力認定試験**
  C言語を使って、簡潔で能率的にプログラムを作成する能力を認定する資格。

- **Oracle Certified Java Programmer**
  Javaによるプログラミングの技法に習熟していることを証明する、オラクルが行っている認定資格。

- **ORACLE MASTER Silver Oracle PL/SQL Developer**
  オラクルのデータベース認定試験「オラクルマスター」のアプリケーション開発者向けの試験。

- **マイクロソフト認定ソリューション デベロッパー（MCSD）**
  JavaScriptやC#を使ったウェブアプリやWindowsストアアプリなど、マイクロソフト社のテクノロジーに関する資格。

質問20 プログラマーになるにはどんなことを勉強すればいいの？

わたし、プログラマーになるから、もう、学校の勉強はやらないでいいよね？

ダメだよ、ななちゃん。プログラミングの勉強だけじゃなくて、学校の勉強もしっかりやらないと。それに、プログラムの作成にとっても、学校の勉強は大切なんだよ。たとえば、次のような科目はプログラムの作成に直接、関係があるよ。

科目	説明
算数・数学	プログラムの中で行う計算式を作るには、算数・数学の知識が必要
物理	リアルなアニメーションを作ったり、何かをシミュレーションするプログラムを作るには、物理の計算式や、物事をモデル化するという物理の考え方が必要
国語	プログラムの作成時にはたくさんの資料を作る。このときにわかりやすい文章が書けることが大切。また、一緒にプログラムを作っているメンバーに考え方を伝えるときにも、言葉の表現力や文章のわかりやすさが必要
英語	プログラミングに関する資料は英語で書かれていることが多いため、英語を読めることが必要
図工・美術	図を書くセンスやデザインセンスは、プログラムのユーザーインターフェイスを作るときにも必要
体育	プログラミングは長時間・長期間の作業になることが多く、体力が必要

これ以外の科目もしっかりやらないとダメだよ。

第4章 そもそもプログラマーってどんな人？

20 プログラマーになるにはどんなことを勉強すればいいの?

 プログラマーという職業の人にとって、学校の勉強の他に大切なことはある?

 どの仕事でもプロとしてやっていくには「思いやり」「前向きな心」「向上心」の3つは大切だと思うよ。

思いやり Hospitality	「この人は何を望んでいるのか?」「何に困っているのか?」「もっと喜んでもらうために何が必要か」を推測できる心のセンサー。
前向きな心 Positive Thinking	思い通りに仕事が進まないとき、トラブルが発生したとき、技術的な解決策がなかなか見つからないときなど、困難に遭っても、明るく前向きに克服していけるメンタル。
向上心 Ambition	次々と新しい技術が生み出されるプログラムの世界。技術革新に取り残されず、知的好奇心をもって進化に対応して行き続ける向上心。

この3つは、営業マンであろうと、そば職人や医師であろうと、あらゆる職業にも当てはまることだね

💡コラム

専門学校と大学

　プログラマーなど、技術を身に付けて、その技術を使った職業を目指すときに、専門学校に進学するのがいいのか、大学に進学するのがいいのかというのは、とても悩むことだと思います。著者も高校生のときに、どちらへ進もうか、非常に悩みました。専門学校と大学では、それぞれ目的が異なります。専門学校では、大学に比べて短い期間で、即戦力となるような実践的なことを学びます。学問というよりも訓練という側面もあると思います。一方、大学では、学問として、基礎となる知識やその応用方法を学びます。プログラミングも、その元になる学問や研究があり、それを応用して、現実世界の問題を解決するための1つの方法です。

　著者は職業プログラマーです。仕事でいろいろなプログラムを開発しますが、やり方がわかっているものだけではなく、新しい方法を生み出さなければいけないということも多いです。そのようなとき、学生時代に習った知識や考え方、調査方法は非常に役に立っています。著者は大学を選択しましたが、専門学校と大学のどちらを選択しても、学んだことは必ず役に立ちます。

質問21 プロのプログラマー以外ですごいプログラミングする人達がいるって本当?

ソフト会社のプログラマー以外ですごいプログラムを書く人っている?

多くの名だたる職業プログラマーが思いつかなかった着眼点ですごいプログラムを書く人は以外と多いんだよ。たとえば、こんな事例もあるよ。

中学生
夏休みの課題でRuby言語のフィボナッチ数列による演算の欠点を見つけ出し、最大63%高速化

高校生
プログラム言語「Cyan」を独自開発し経済産業大臣賞を受賞

大学生
大学の卒論で「位相構造に基づく自動断面生成」が米国ACM学会で1位受賞

この子達は柔軟な発想力でプロが気が付かない斬新なプログラムを書いたんだ

すご〜い。天才プログラマーなのね

でも天才じゃないと優秀なプログラマーになれないの?

そんなことはないよ! 大学の先生、学生、会社員なども自分が必要だからという理由で、いろいろなプログラムを開発しているんだ。それを「これは便利だと思うから使ってみてね」と公開することで、大勢の人の役に立っているというプログラムの方がむしろ大多数なんだよ。

プログラム作る人	目的の例
学者・研究者	自分の理論を検証したり、証明するためのプログラムや、シミュレーションするためのプログラムを作るなど、研究のために作る
学生	授業や学習目的でプログラムを作る
趣味の人	作って見るのが好きな場合や、思いついたアイデアを形にしたいなど
プログラマーではないが仕事で作る人	自分の仕事を効率化するためのプログラムを作るなど

21 ● プロのプログラマー以外ですごいプログラミングする人達がいるって本当？

そんなにすごいプログラムが書けるならプロのプログラマーになればいいのにね？

一概にそうとも言えないんだ。それぞれの職業や立場で必要に迫られて作るというパターンが多いからね。ななちゃんのお母さんが作るグラタンが世界一おいしいからって、「お母さん、フレンチレストランでシェフになれば？」と言うみたいなもので、人によってそれぞれの立場や役割が違うからね。

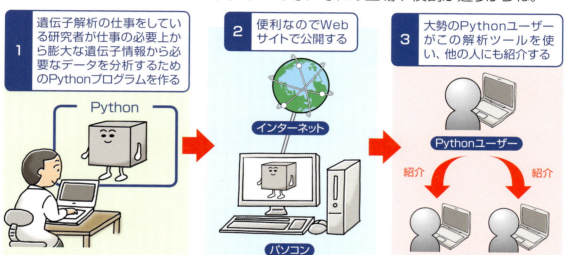

💡 コラム

Linuxは一人の学生が生み出した

　今では世界中で使われている「Linux」というOSも、一人の学生の手によって生み出されたものでした。1991年、フィンランドのヘルシンキ大学の大学生だった、リーナス・トーバルズさんが勉強用として作り出したOSでした。彼は、当時は学生で、職業プログラマーではありませんでした。しかし、「Linux」のようなすごいプログラム（正確にはプログラムの集合）を作り出すことができたのです。その後、大勢のボランティアの人や、仕事に利用する人などが協力し合って現在の「Linux」を作り上げました。

　すごいプログラムを作るのに必要なことや重要なことは「アイデア」「努力」「技術力」「センス」だと著者は思います。

Q22 プログラマー以外の人はいつプログラミングをしているの?

 プログラマー以外でプログラミングをしている人達は、いつ、プログラミングをしているのかな?

 仕事や学校に行っている以外の時間で作っているよ。お休みの日や夜寝る前とかね。

 遊ばないでプログラムを作っているなんて、すごいな〜!

 好きでやっているから、遊びだと思って楽しくやっている人が多いと思うよ。

コラム

サンデープログラマー

　仕事でプログラミングを行う、職業プログラマー以外の人達がプログラミングをするのは休日が中心です。そのような休日だけプログラマーになる人達を「サンデープログラマー」と呼ぶこともあります。「日曜大工」という言葉がありますが、そのプログラマー版です。

　職業プログラマーの中には、著者も含めて、プログラミングが大好きで、日曜日は業務とは無関係のプログラミングをするという人達もいます。平日は職業プログラマー、休日はサンデープログラマーになります。

質問23 プログラマーはどんなところで働いているの？

プログラマーって、はかせみたいに、研究室みたいなところにこもってプログラミングをしているのかな？

特別なところにこもってはいるわけではなくて、普通のオフィスだよ。作るプログラムの内容によって、お客さんの会社で作ることもあるんだ。たとえば、次のような働き方があるよ。

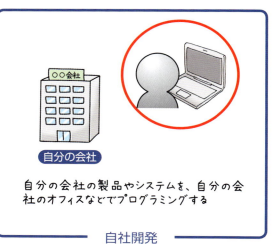

自分の会社の製品やシステムを、自分の会社のオフィスなどでプログラミングする

自社開発

お客さんの会社などから依頼されたプログラムを、自分の会社のオフィスなどでプログラミングする

受託開発（持ち帰り）

お客さんの会社などから依頼されたプログラムを、お客さんの会社から指定された場所（お客さんの会社など）でプログラミングする

常駐派遣

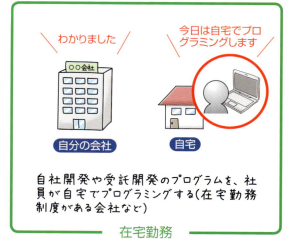

自社開発や受託開発のプログラムを、社員が自宅でプログラミングする（在宅勤務制度がある会社など）

在宅勤務

23 ● プログラマーはどんなところで働いているの？

 自分の会社があるのに、お客さんのところに行ってプログラミングすることもあるなんて変な感じね。

 お客さんの会社から外に持ち出すことができないプログラムや、お客さんの会社の中で動いているプログラムの保守などを行う場合は、その場所に行かないとプログラミンできないんだ。プログラムの目的や扱っているデータによっては、セキュリティが厳しい職場もあるよ。

 フリーランスのプログラマーはどうしているの？

 受託開発の場合は、自宅などの自分の作業場でプログラミングするよ。お客さんの会社に行ってプログラミングする常駐派遣の形も多いね。

 在宅勤務とかもあるなんてステキね！

 プログラマーが多く働いているIT企業では、在宅勤務の導入が進んでいるところが多いから、ライフスタイルにあわせて仕事がしやすい環境が整ってきているね。プログラマーの中には、日本にいながら海外の会社で働いている人もいるよ。

第4章 そもそもプログラマーってどんな人？

質問24 プログラマーはずっとプログラミングだけをしていくの？

プログラマーはずっとプログラミングだけをしていくの？

違う人達もいるよ。プログラマーで身に付けた技術や知識、経験を他の仕事で活かしていく人達もいるんだ。たとえば、次のような仕事に活かしていく人達がいるよ。

- 会社経営、管理職
- 製品設計
- 技術的なサポート担当
- 技術的な営業
- 経営コンサルタント、技術コンサルタント
- 研究者
- 講師
- テクニカルライター

もちろん、プログラミングの腕を磨いていって、ずっとプログラマーとして活躍していく人もいるよ。プログラムの世界は常に新しいことが生まれてくるから、磨き続けていかないと、すぐに遅れてしまうんだ。

第5章

プログラミングってそもそも
どうやって勉強するの?

質問 25 プログラミングってどうやって勉強したらいいの?

 わたしもプログラミングに挑戦したいんだけど、何から始めればいいの?

 まず、どんなプログラムを作ってみたいかを想像してみよう。いつもよく触っていて興味のある機器は何?

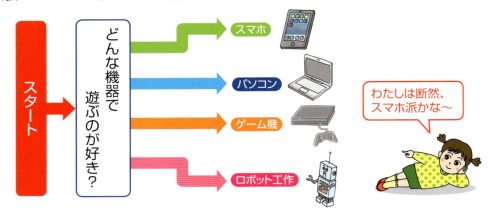

 プログラミングを学ぶのに、どれくらいの期間がかかるの?

 プログラミングの勉強にかけられる時間や情熱は人によって違うから一概には言えないかな。でも、目安としては最初の3カ月で簡単なプログラムを自作する目標を立てるといいよ。このサイクルで徐々に高度なプログラムにチャレンジしてみて。

25 ● プログラミングってどうやって勉強したらいいの？

スマホアプリのプログラミングの入門書は、何を選べばいいの？

まずは書店に行って、自分に合いそうなプログラミングの入門書を探してみるのがオススメだよ。

中学生でもわかる
iOSアプリ開発講座
ISBN978-4-86354-194-8

改訂2版 中学生でもわかる
Androidアプリ開発講座
ISBN978-4-86354-194-8

中学生でもわかる
WIndowsストアアプリ開発講座
ISBN978-4-86354-194-8

※いずれもC&R研究所刊

イラストでよくわかる
Androidアプリのつくり方
―Android Studio対応版
（インプレス刊）
ISBN978-4-8443-3813-0

小学生でもわかる
iPhoneアプリのつくり方
（秀和システム刊）
ISBN978-4-7980-4584-9

プログラミング言語がたくさんあるから、どの言語を勉強すればいいのかがわからないよ!

作りたいものと同じ分野でよく使われているものを勉強すればいいよ。たとえば、スマホのアプリが作りたいんなら、SwiftやJavaから始めてみよう。書店で参考書を買ってみて、解説されているプログラミング言語を選ぶのがいいよ。

作りたいもの	プログラミング言語の例
スマホのアプリ	Swift、Objective-C、Java
ウェブサービス	PHP、Ruby、Perl、Python、JavaScript、Java
マイコンのプログラム	C、C++
ゲーム専用機のゲーム	C、C++
ロボットのコントロール	C、C++

25 ● プログラミングってどうやって勉強したらいいの？

🧒❓ スマホのアプリだけでも1つじゃないんだね。全部、覚えないとダメ？

🐶 どうしても使わないと作れないというときは、覚えないとダメだけど、全部の言語ではないよ。まずは、1つの言語をしっかりやってみよう。1つをしっかり覚えると、他の言語を覚えるのも簡単になるよ。考え方が身に付けば、自分が知っている言語と、どこが違うのかということに集中すればよくなるんだ。

Swiftのコード
```
func calc(x: Int32, y: Int32) -> Int32 {
    return (x + y) * (x + y)
}
```

C言語のコード
```
int calc(int x, int y) {
    return (x + y) * (x + y);
}
```

この言語は、こっちの言語と、計算の仕方は同じだね

違うプログラミング言語でも、同じになる部分も結構あるんだ。

💡コラム

プログラミング言語はコンピュータに実行させたいことを表現するための言語

　プログラミング言語は、コンピュータに実行させたいことを表現するための言語です。「何を実行させたいのか」という部分は、プログラミング言語が違っても変わりません。自由に思い描いたプログラムが作れるようになるために、一番大切なことは、この変わらない部分を、しっかりと表現できるようになることです。プログラミング言語ではなく、人間の言葉で、それを表現できることが大切です。この作業が「設計」です。「設計」したものを言葉と図で表現したものが「設計書」です。

　この「設計」がしっかりとできれば、プログラミング言語のルールに従って、プログラミング言語で、それを表現するだけです。正しくプログラムコードにできれば、プログラムは正しく動作します。

質問26 大きな問題は小さな問題に分けて考えよう

 プログラムのアイデアを思いついたら、それを形にしていくにはどうすればいいの？

 プログラマーはある問題や課題があると、それを小さな問題や課題に分解して考えるんだ。たとえば、「クロールで泳ぐのが遅い。速くなりたい」という課題を分解するとこうなるね。

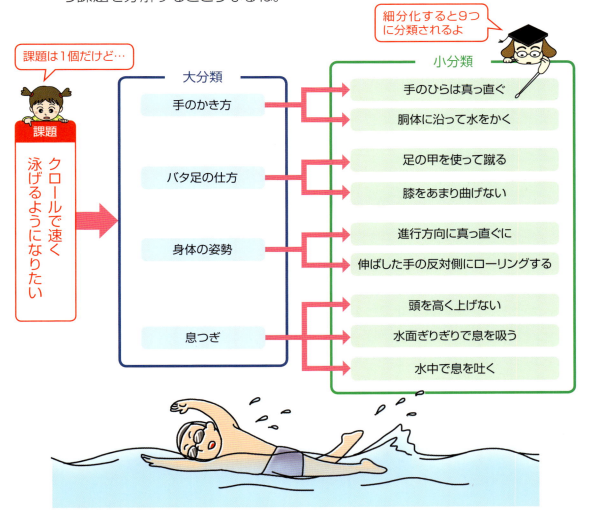

なるほど！単に「クロールが速くなりたい」という気持ちだけより、課題を小分けにすると、何をどうしなければいけないのかがはっきりするのね。でもはかせ、水泳とプログラム、どう関係があるの？

うむ、いいところに気が付いたね！大きなプログラムも小分けにした作業の塊でプログラムが書かれているということだよ。複雑で大規模なゲームのプログラムも、実は小分けにされた機能ごとのプログラムの集合体なんだ。

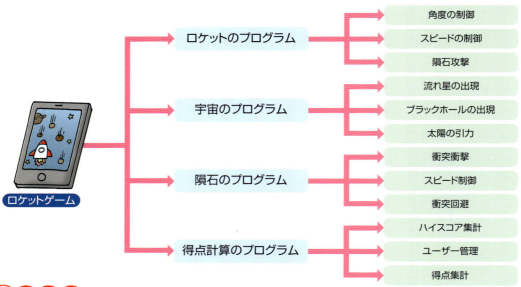

コラム

モデル化

　何かの課題を解決するためのプログラムを作るときや、何かの役に立つことが目的のプログラムを作るときには、「モデル化」という方法を使うとよいでしょう。解決したい問題を、整理して、言葉や図で表します。この作業を「モデル化する」と呼びます。

　モデル化すると、ぼんやりとしていた問題が、小さないくつかの問題に分かれて、何が起きているのかがわかります。次に、それぞれの問題に対して、どんなプログラムがいいのかを考えていきます。

　この方法はとても役に立ちます。身近なことからやってみましょう。

わからないことはどうやって調べたらいいの？

質問27

🧒 はかせ、プログラムで音楽を流したいんだけど、どうやったらできるか、教えてくれる？

🐶 教えてあげてもいいんだけど、ななちゃんの勉強にならないから、自分で調べてごらん。インターネットで「音楽　再生方法　Swift」とか入力すれば見つかると思うよ。

🧒 出てきたけど、よくわからないよ。このプログラムコードと同じコードを入力すればいいのかな？

🐶 悩むよりも実際にやってごらん。もし、うまくできなかったら、何が悪いのか、自分でプログラムコードをデバッグして調べるんだ。それでもわからなかったら、また、検索するか、参考書を買ってこよう。ただし、気を付けてほしいことがあるんだ。検索や参考書では答えを見つけるのではなくて、ヒントを見つけるということなんだよ。ヒントを手がかりにして自分で考えてやってみると力が付くんだ。最初から答えを検索に頼ってしまうと、いつまでも身に付かないし、プログラミングがつまらないものになってしまうよ。

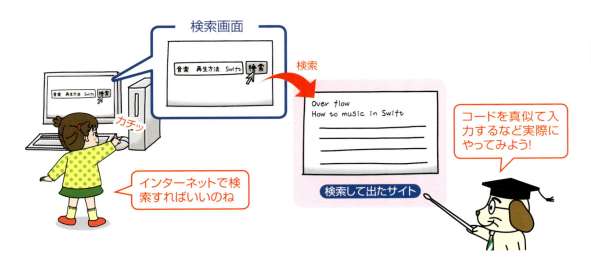

27 ● わからないことはどうやって調べたらいいの？

 わたし、知らないことだらけなのに、プログラマーになれるのかな？ プログラマーって何でも知っているんだよね？

 心配しないで、ななちゃん。プロのプログラマーだって知らないことはたくさんあるんだ。みんなプログラミングをしながら、わからないことが出るたびに、インターネットや参考書で勉強して、乗り越えているんだよ。

第5章 プログラミングってそもそもどうやって勉強するの？

📝 コラム

書籍とインターネットの情報の違い

　インターネットで検索すると、とても簡単にやり方を見つけることができます。しかし、インターネットではやり方はわかっても、なぜそうなるのかや、理解するためには知っておいた方がいいことまでは教えてくれないことが多いでしょう。もちろん、粘り強く検索すれば、それらも見つかるでしょうが、大変です。情報が正しいかどうかについても、誰がその情報を発信しているのかということを考えなければいけないこともあるでしょう。
　書籍は、そういった知っておいた方がいいことや、応用などを順番に解説してくれることが多くあります。また、書籍は書かれていることが間違っていないかを、書いた人以外の人も確認しているので、安心です。しかし、インターネットに比べると情報が古くなってしまうことが多くあります。そのため、書かれたときは正しかったことも、読むときには正しくなくなってしまったことや、状況が変わってしまったということもあります。
　このように、書籍とインターネットは、長所と短所が異なりますが、補い合うことができます。両方をうまく使って、効率的に勉強しましょう。

アプリのアイデアは はじめはどうやって思いつくの?

 いつかはすごいアプリを作ってみたいんだけど、何を作ったらいいのかがわからないの……。

 まずは「スマホを使っててこんなことで不便に感じるよ」とか「こんなアプリがあったらいいなぁ〜」とか、思いつくものをノートに書き出してみよう。何個でもいいので、思いつく限りを書き出すんだ。すると考えが自然にまとまりやすくなるんだよ。

- お小遣いをもっとほしい
- 花ちゃんと買い物に行きたい
- お手伝いをする
- 予習復習を毎日する
- お友達とゲームで遊びたい
- ずっと夏休みがいい
- iPhoneの新型がほしい
- お母さん怒らないで
- 算数は好き
- 可愛いお洋服がほしい
- 国語はやや苦手
- 大恋愛してみたい
- お父さんは優しい
- …

こんな思いつきが役に立つのかな〜

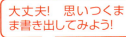 大丈夫! 思いつくまま書き出してみよう!

 はかせ、書き出したけど、何も思い浮かばないよ⁇

すぐには浮かばなくてもいいよ。でもこの中にアプリのヒントがありそうだね。たとえば、この中から関連しそうなキーワードを抜き出すと、2つのアプリが見えてくるよ。

28 ● アプリのアイデアははじめはどうやって思いつくの？

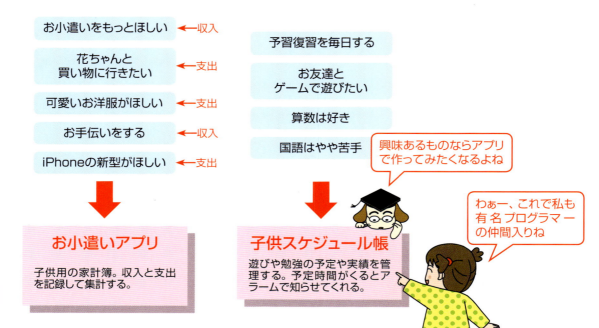

 そもそも、どういう機能でどういうデザインにすればいいのか、わからないよー。

最初は誰かの作ったプログラムの物真似から始めてみるといいよ。有名な画家も最初のころは美術館で古典作品をお手本にして同じ作品を描くという修行をしていることが多いんだよ。最初は先輩の真似をさせてもらうことが大切なんだ。

💡 コラム

著者が作ってみたプログラム

　著者は学生のころ、プログラミングの勉強のために、学校の勉強を題材にしたプログラムを作りました。小学校や中学校、高校、大学と、その時々に習ったことをもとにプログラムを作りました。実際に作ってみると、いろいろなことを考えて、作らなければならず、とても勉強になりました。現在、プロのプログラマーになりましたが、このときに勉強したことは今でも役に立っていると思います。

　印象に残っているプログラムが2つあります。1つは多角形を描くプログラムです。頂点の個数を入力すると、入力した個数の頂点を持った正多角形を描きます。たとえば「3」と入力すれば正三角形、「4」と入力すれば正方形です。作って実行して、数字を大きくしていくと、どうなるかを試しました。すると、段々と円になっていきました。このことが当時の私には新鮮で楽しく感じました。

　もう1つは、高校生のときに作った原子の中の電子配置を描くプログラムです。原子核の周りを電子が回っているという図を描くプログラムです。きれいな図が表示されるように、いろいろ頑張ったのが思い出です。

MEMO

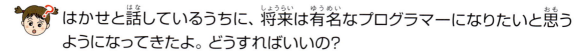

質問29 プログラムの勉強を続けていくために何が必要？

🧒 はかせと話しているうちに、将来は有名なプログラマーになりたいと思うようになってきたよ。どうすればいいの？

🐕 ななちゃん、それは素晴らしいね。有名なプログラマーになるには、好きなことをコツコツ続けていくことが大切なんだよ。これから学校の勉強も頑張りながら、少しずつプログラムの勉強を続けていってね。プログラムの業界で有名な人達の多くが、好きなコンピュータやプログラミングに熱中していた子供達だったんだよ。

🧒 学校の勉強もあるのに偉大なプログラマー達は頑張ったのね。

🐕 ななちゃんは本を読むのは好きだけど、夏休みの読書感想文の宿題は嫌がるよね。同じ「本を読む」という作業だけど不思議だね。人は強制されることは嫌になるけど、好きなことはずっと続けられる不思議な一面があるんだよ。プログラマーの多くは、そうやって好きなことを続けてきた人達だよ。

29 ● プログラムの勉強を続けていくために何が必要？

まずは書店に行っていろいろなプログラミング本を見てみることだよ

できればC&R研究所の本を買ってほしい…なんてね

は、はかせ⁉

ステマ？

書店

 どの言語にしないといけないとか、このソフトを使ったプログラミングにしないといけないとかはないの？

 ななちゃんは、今は、どの言語にするかよりも、いろいろな言語やいろいろな開発環境に触れてみるのがいいと思うんだ。プロのプログラマーもいろいろな言語やソフトを使い分けているんだ。今は、いろいろなことをたくさん経験してみる方がいいと思うよ。

💡コラム

ゲーム作りにも学校の勉強が大切

　少し意外かもしれませんが、ゲーム作りにも学校の勉強がとても大切です。たとえば、シューティングゲームを考えてみましょう。撃った弾がどのように飛ぶのかを計算するには、算数や数学で習う知識が必要です。横スクロールのアドベンチャーゲームなら、ジャンプしたプレーヤーがどのくらい飛べるか、どのように落下するかなどは物理で習う計算が必要です。RPGの会話文にも、国語で習う文章の表現が必要です。ストーリー作りには歴史の勉強で習う日本や世界の歴史が参考になるでしょう。もし、BGMを作りたいと思えば、音楽の授業が活きてくるでしょう。

　このようにゲーム作りにも学校で習うことが役に立ちます。学校の勉強をしっかりやることがゲーム作りや、ゲーム以外のプログラム作りにもつながるのです。

💡 コラム

経験に勝るものはない

　どの言語が向くか、どの開発環境がいいかは作るプログラムによって違います。プログラマーは作るプログラムによってプログラミング言語や使用するソフトを使い分けています。使い分けるときに、なぜ、そのプログラミング言語を選んだのかや、なぜそのソフトを選んだのかは、各プログラマーの経験によって決まります。知識として知っているだけだと、本当に向いているのかどうかなどはわかりません。向いていると教えてくれた人が使ったときと、自分が使うときとでは、いろいろな条件が違うためです。

　自分自身がいろいろな経験をしていなければ、いい結果にはなりません。そのため、プロになった後も、プログラマーはいろいろなプログラミング言語やソフトを仕事以外でも試しているのです。経験に勝るものはありません。

MEMO

第6章
知っておきたいコンピュータの基礎知識

質問30 スマホの中はどうなっているの？

 スマホの中はどういう風になっているの？

 あの小さいスマホの中には、次のような小さな部品がたくさん詰まっているよ。

スマホの中にはこんなにたくさんの部品が入っているのね！

第6章 知っておきたいコンピュータの基礎知識

30 ● スマホの中はどうなっているの？

こんな薄くて小さいのに、いろいろな機能が詰まってるなんて不思議ね。

実は古い時代のパソコンより部品数はうんと少ないんだ。その代わり、ロジックボードという人の心臓にあたる部分の回路の中に、多様な機能が作り込まれているんだ。CPU（中央演算装置）という人の頭脳に当たる部分を作っている部品は目に見えないくらいの極小の大きさだよ。

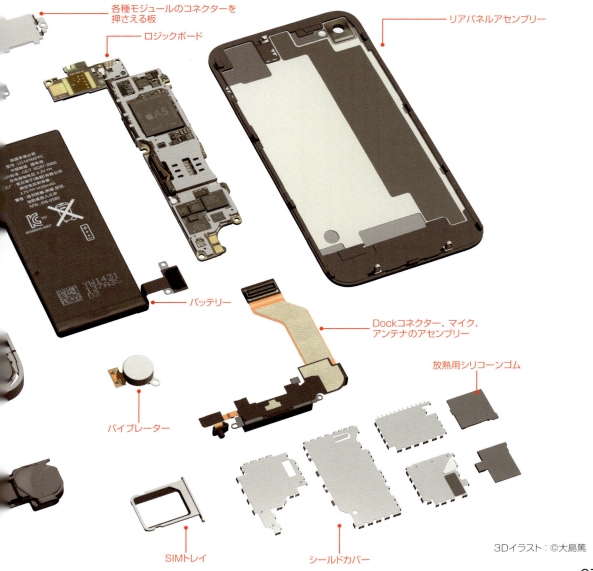

各種モジュールのコネクターを押さえる板
ロジックボード
リアパネルアセンブリー
バッテリー
Dockコネクター、マイク、アンテナのアセンブリー
放熱用シリコーンゴム
バイブレーター
SIMトレイ
シールドカバー

3Dイラスト：©大島篤

第6章 知っておきたいコンピュータの基礎知識

30 ● スマホの中はどうなっているの？

 パソコンの中も同じなのかなぁ？

 スマホと同じ部品が使われているよ。でも、スマホよりも大きさに余裕があるから、スマホよりもいいスピーカーが入っていたりするんだ。パソコンにしか入っていない部品もあるし、違う種類の部品を使っているものもあるんだ。

スマホと違うパソコンの部品の例

部品	機能
ロジックボード	スマホやタブレットと同じだが、もっとたくさんの種類の接続ポートが用意されている
記録装置	情報を記録するための装置。パソコンでもSSDなどのフラッシュメモリが使われているが、ハードディスクも多く使われている
光ディスクドライブ	CDやDVD、ブルーレイディスクを読み書きするためのドライブ装置
Ethernetモジュール	LANケーブルでネットワーク接続するための装置
キーボード	テキストを入力するための装置。デスクトップパソコンやスマホ、タブレットでは外付け
マウスやトラックパッド	マウスカーソルを移動するための装置。デスクトップパソコンは外付け

 パソコンはスマホやタブレットの高機能版みたいな感じだね。

 そうなんだけど、使う目的が違うからパソコンには入っていない機能もあるんだ。たとえば、センサーはスマホの方がたくさん入っているよ。

スマホに入っているセンサーの例

センサー	機能
加速度センサー	移動や傾き、振動などを読み取るためのセンサー
GPS	人工衛星を使って、地球上のどこにいるかを知るための装置
近接センサー	近くに物体があるかを知るためのセンサー
デジタルコンパス	方角を知るための装置
指紋センサー	指紋を読み取るためのセンサー
気圧計	気圧を測るセンサー
環境光センサー	周辺の明るさを測るセンサー
タッチセンサー	ディスプレイを触ったかを知るためのセンサー

コラム

ムーアの法則とは

スマホやパソコンは新製品が発売されるたびに、処理速度が高速化されています。これは今でも「ムーアの法則」が続いていると言えるでしょう。

「ムーアの法則」とは、インテル社（CPUなどを作っている世界的な半導体メーカー）の創業者の一人、ゴードン・ムーアさんが、1965年に論文で発表した「1年半ごとに集積回路上のトランジスタの個数は倍になる」という法則です。トランジスタの個数が増えると、CPUの性能もよくなり、結果としてパソコンやスマホが高速化されます。

コラム

国によってキーボードが違う!?

プログラマーは道具にこだわる人も多く、特にキーボードはよく使うため、好みが出やすいパーツです。その中でもプログラマーは英語版のキーボードを使う人が多いようです。

一般的に何も指定しないでパソコンを買うと、キーボードにはひらがなが書かれている日本語版のキーボードが付いてきます。その他の国でもドイツならドイツ語版、フランスならフランス語版のように、それぞれの国で使いやすいキー配列のキーボードが標準になっています。

日本語版と比べると、英語版のキーボードは、アルファベットの位置は同じですが、記号や特殊なキーの位置が違っています。プログラマーが英語版のキーボードを使う理由としては、コードが入力しやすい、使っているツールが英語版しか対応していない／英語版の方が使いやすいなどがあります。機会があれば、ぜひ、英語版キーボードも使ってみてください。

なお、ノートパソコンの場合は、メーカーの直販ページでキーボードを英語版に変更できることもあります。また、デスクトップパソコンのように外付けのキーボードを使うこともできます。

質問 31 コンピュータはどうやっていろいろなことを覚えているの?

コンピュータはどうやっていろいろなことを覚えているの?

コンピュータは、映像や音、写真、文字などを何でも数に置き換えて覚えているんだ。この置き換えることを「数値化」って呼ぶんだ。この数値化したデータのことを「デジタルデータ」と呼んでいるよ。デジタルデータに変換するためのルールが決まっていて、変換したデジタルデータは記憶装置が記録しているんだ。記録したデータを呼び出すときは、記憶装置からデジタルデータを読み込んで、映像や音、写真、文字に戻して表示したり、再生したりしているんだよ。

デジカメやレコーダーも同じようにして記録しているの?

デジカメやレコーダーも、コンピュータと同じルールでデジタルデータに変換しているんだ。同じルールを使っているから、デジカメで撮影した写真をスマホやタブレット、パソコンで表示することができるんだよ。

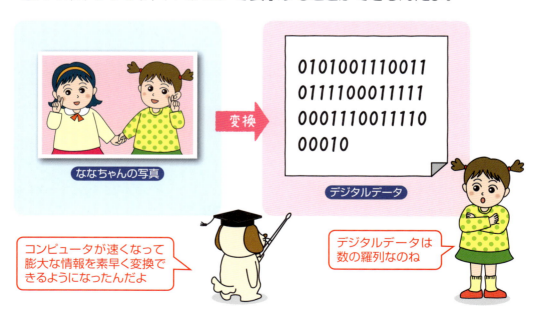

31 ● コンピュータはどうやっていろいろなことを覚えているの？

 スマホはどんな部品でデジタルデータを覚えているの？

 スマホで使われているのはフラッシュメモリという半導体を使った記憶装置だよ。カタログに「128GB」とか書いてあるのは、このフラッシュメモリに記憶できるデータの量を表しているんだ。

 パソコンもみんなフラッシュメモリを使っているの？

 パソコンでも、フラッシュメモリを使ったSSDやハードディスクなどの記憶装置が使われているよ。記憶装置もコンピュータと同じように、より速く、より小さく、より大容量にというように進化を続けているんだ。

記憶装置の進化

記憶装置・メディア	説明
パンチカード	コンピュータが登場するよりも前からあった記憶メディア。穴の空いている位置がデータを表している。プログラミングで1行の文字数は80文字以内がよいと言われるのは、1行80文字のパンチカードの名残とも言われている
紙テープ	パンチカードと同じように穴の空いている位置でデータを表す。巻き取り式の紙になっている
磁気テープ	磁気の変化でデータを表す。自由な場所を読み書きできないという弱点はあったが、ハードディスクがまだ高価だったころは、容量に対しての価格が安かったので、大量のデータをバックアップすることにも広く使われた
フロッピーディスク	磁気メディアの1つ。コンピュータが扱うデータの量がまだ少なかったころ、よく使われていた。自由な場所を読み書きすることもでき、価格も安かった。大きさは8インチ、5.25インチ、3.5インチがよく使われ、読み書きするときに「ガッタン、ゴットン」というようなドライブの駆動音が聞こえた
光ディスク	CDやDVD、ブルーレイディスクなど、光学ドライブ装置を使った記憶メディア。半導体で作ったレーザー光をメディアに当てて、その反射した光で情報を読み込む。ユーザーが読み書きできるタイプのメディアと工場などで書き込んだ情報を読むだけの読み込み専用のメディアがある
ハードディスク	磁気メディアの1つ。金属の円盤に磁気が残る特殊な材料を付けて、磁気のパターンを変化させるという方法でデータを記録する。容量に対する価格が安く、今でも多くのコンピュータでメインの記憶装置になっている。
SSD	半導体メモリを使った記録メディア。電源が切れても情報が消えないフラッシュメモリを使っている。スマホやタブレットなどで使われているメインの記憶装置になっている。パソコンもだんだんとハードディスクからSSDがメインの記憶装置に変わってきている
USBメモリ、SDカード	SSDと同じように半導体メモリを使った記録メディア

31 ● コンピュータはどうやっていろいろなことを覚えているの?

💡 コラム

磁気テープが見直されている!?

　時代遅れと思われている磁気テープですが、実は、日本の自治体をはじめ、アメリカのGoolgeやNASAでもデータのバックアップ用として利用されており、その利用価値が見直されています。

　磁気テープの「データを長期にわたって保存できる」「大容量」「低コスト」というメリットが利用されている理由です。ただし、ハードディスクやDVDなどに比べると読み書きの速度が遅いため、データのバックアップ用としての利用がメインになっています。

💡 コラム

記憶装置の駆動音

　近年、広く使われているフラッシュメモリを使った記憶装置は読み書きするときにモータで駆動する部品がないため、駆動音というものがありません。しかし、フラッシュメモリ以外の記憶装置は駆動する部品が使われているため、特有の駆動音がします。

　フロッピーディスクは「ガッタン、ゴットン」、CDやDVDなどの光ディスクは風を切る「シュー」という音、ハードディスクも「ガッ、ガッ」や「グー、グルグル、グー」などの音が聞こえます。昔のパソコンは動作速度が遅く、画面がよく固まることがありました。そのようなときに、処理中なのか、おかしくなってしまって固まってしまったのかを判断するのに、駆動音を聞き分けていました。パソコンの本体に耳をあてて、「グー、グルグル、グー」といった駆動音が聞こえると、「あ、処理中かぁ」と安心して、しばらく待つという具合です。

　著者は、静かになってしまった最近の機器には少し物足りない気持ちになります。

質問32 Q ギガバイトって何？

スマホに入れておけるデータの大きさって、128GBって書いてある数字だよね？　大きいほど入るのはわかるけど、「GB」ってそもそもどれくらい大きいの？

「GB」って書いて「ギガバイト」って読むんだけど、大きさを知るためには、「GB」という単位がどれくらい大きいかを知らないといけないね。データの大きさの単位は次のようになっているんだ。

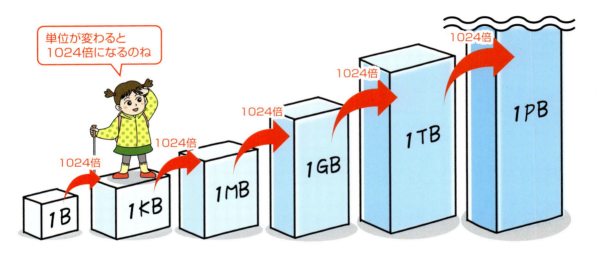

容量（データの量）の単位

単位	読み方	説明
B	バイト	0から255までの数を表現できる容量。半角アルファベットや半角数字で1文字
KB	キロバイト	1KB = 1,024B
MB	メガバイト	1MB = 1,024KB
GB	ギガバイト	1GB = 1,024MB
TB	テラバイト	1TB = 1,024GB
PB	ペタバイト	1PB = 1,024TB

わー、128GBってとっても大きいんだね！　でも、どうして1024なの？なんか半端だよ。

コンピュータにとっては1024は中途半端ではなくて、実は切りがいい数字なんだよ。コンピュータは0と1が基本なんだ。これを「ビット」と呼んでいて、1バイトは一般的なコンピュータでは8ビットになっているんだ。コンピュータはビットで考えるから、2の何倍かになっている数だと都合がいいんだ。これを2の倍数と呼ぶよ。そして、1024というのは、2の倍数で1000に一番近いから、1024倍の単位になっているんだ。

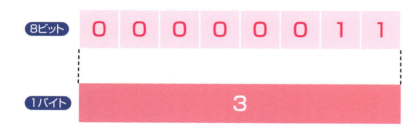

ビットの0は「オフ」、1は「オン」を表しているんだ

どうして、1000に近い数を選んだの？

人間はコンピュータと違って10の何倍かという方がわかりやすいよね。そこで、国際単位系という世界中で共通して使える単位があるんだけど、国際単位系では、1000倍ごとに単位が変わるようになっているんだ。国際単位系でも同じように「KB」などの単位が決まっていて、国際単位系で書くと容量は次のようになるんだ。

国際単位系での容量（データの量）の単位

単位	読み方	説明
KB	キロバイト	1KB = 1,000B
MB	メガバイト	1MB = 1,000KB
GB	ギガバイト	1GB = 1,000MB
TB	テラバイト	1TB = 1,000GB
PB	ペタバイト	1PB = 1,000TB

32 ● ギガバイトって何？

同じように書くのに、大きさが違っていてもいいの？

両方を混ぜて使うと困ってしまうから、厳密に書くと、2の倍数になっている、コンピュータで使われている方は次のように書いて区別することもあるよ。この書き方を「2進接頭辞」と呼ぶんだ。それに対して国際単位系での書き方は「SI接頭辞」と呼ぶんだよ。

2進接頭辞とSI接頭辞

SI接頭辞	2進接頭辞	2進接頭辞の読み方
KB	KiB	キビバイト
MB	MiB	メビバイト
GB	GiB	ギビバイト
TB	TiB	テビバイト
PB	PiB	ペビバイト

パソコンやスマホでは、「KB」と表示されていても、本当は「KiB」ということなの？

昔のパソコンは、ほとんどがそうだったんだけど、最近はファイルの大きさとかを国際単位系で計算しているOSもあるよ。だから、同じファイルなのに、OSによって表示されるファイルの大きさが違うということもあるんだ。

MEMO

Q33 写真や音楽はどんな形で保存されているの？

 スマホはどうやってファイルを「これは写真」「これは音楽」ってわかるの？

スマホやパソコンでは、写真や文書、音楽などをそれぞれ固有の形（ファイルフォーマット）で保存しているんだ。だからスマホで音楽を聴くときには、スマホは写真や文書のファイルを無視して、音楽の固有の形をしたファイルを見つけ出し再生するんだ。

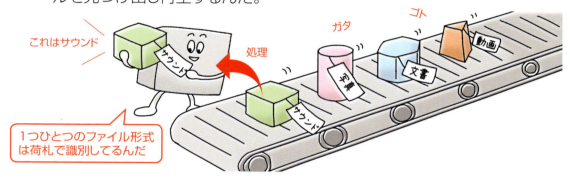

1つひとつのファイル形式は荷札で識別してるんだ

 そのファイルフォーマットって、そもそも何？

コンピュータが扱うデータの形式のことだよ。たとえば、ななちゃんが学校で胸に付ける名札は、どのお友達も同じ形式のものを使うよね。コンピュータの世界でも動画や音楽など、データの形式が決めてあるんだ。

33 ● 写真や音楽はどんな形で保存されているの？

 海外の友達に動画や写真を送ったら、それが表示できないとかいうトラブルはないの？

 いい質問だね。実は昔は、国やメーカーによって音楽・写真などのファイルの形式が異なっていた時代があったんだ。でもそれでは不便なので共通の標準形式（フォーマット）が決められたんだよ。

種類	ファイルフォーマット
文章	テキストファイル、ワードファイル（doc、docx）、リッチテキストフォーマット、PDF、Pagesファイル
表計算	エクセルファイル（xls、xlsx）、Numbersファイル
プレゼンテーション	パワーポイントファイル（ppt、ppx）、Keynoteファイル
Web	HTML、XML、CSS
画像	JPEG、PNG、GIF、TIFF、Bitmap
動画	MOV、MP4
サウンド	WAVE、MP3、AAC

 プログラムが表示する写真も同じファイルフォーマットを使っているの？

 一般的なプログラムは同じファイルフォーマットを使っているよ。共通のファイルフォーマットを使うようにすれば、プログラムからも簡単に表示することができるから、楽なんだよ。だけど、ゲームとかは、勝手に見られないように独自のファイルフォーマットを使うこともあるよ。プログラマーは、独自のものを使うにしても、一般的なファイルフォーマットにはどのようなものがあるかということを、しっかり知っておく必要があるんだ。

画像編集アプリで作ったファイルがそのまま使えるんだね

ロード

プログラム中のロゴの表示はPNG形式が向いているんだ

PNG画像　スマホ

33 • 写真や音楽はどんな形で保存されているの？

🧒 音楽も写真も、ファイルフォーマットに種類があるんだね。どうして、1つにしないの？

🐶 ファイルフォーマットはそれぞれ特徴があって、長所と短所があるんだ。何に使うのかということを考えて、どのファイルフォーマットが向いているのかを考えることが大切だよ。たとえば、画像ファイルでよく使われるJPEG形式とPNG形式を比較してみると、次のようになっているんだ。

ファイルフォーマット	長所	短所
JPEG	非可逆圧縮という方法を使って見た目をあまり変えずにファイルサイズを小さく圧縮できる。非可逆圧縮はデータの一部を削除したり加工したりして圧縮する方法	圧縮方法の都合で、くっきりと色が分かれるような画像だと、ノイズが目立ってしまうことがある。非可逆圧縮のため、圧縮前の状態と全く同じにはできない
PNG	可逆圧縮を使っているので、元のデータを再現することができる。JPEGが苦手な、くっきりと色が分かれるような画像でも問題ない	JPEG形式に比べるとデータが大きくなる傾向がある

MEMO

質問34 インターネットの仕組み

👧 インターネットって誰かが作ったページをスマホで簡単に見られて便利だね。どんな風になっているんだろう？

🐶 簡単に説明すると、インターネットは、サーバーの場所を教えてくれるサーバーに見たいページのアドレスを送信すると、どこに接続すればいいかという情報を返してくれるんだ。次にその場所に接続すると、ページの情報が送信されてくるという仕組みになっているんだよ。

👧 なんだか、電話番号を教えてもらって、電話をかけると、相手が出て、話しかけてくるみたいな感じだね。まるで会話しているみたい。

🐶 うまくたとえたね。インターネットも含めて、ネットワークはコンピュータ同士が会話しているとも言えるんだ。コンピュータ同士が使っている言語は「プロトコル」って呼んでいて、ウェブの場合は「HTTP」（Hyper Text Transfer Protocol）というプロトコルが使われているんだ。プログラムの中で、インターネットを通してデータを取ってくるときにも「HTTP」はよく使われるよ。

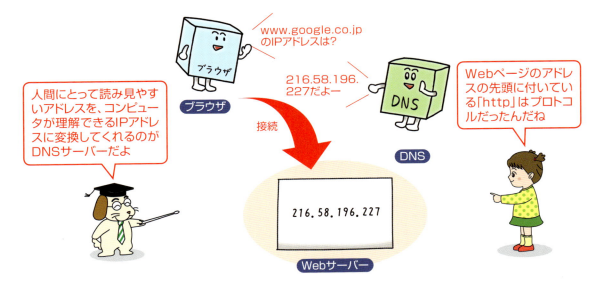

第6章　知っておきたいコンピュータの基礎知識

34 • インターネットの仕組み

コンピュータ同士がデータをやり取りするときは、最初からインターネットだったの？

コンピュータ同士をつないだネットワークは、大きく分けると、研究所とか会社内とか、学校内だけみたいに、内部の人しか接続できないネットワークと、インターネットみたいに外部の人とやり取りするネットワークの2種類があるんだ。最初はインターネットはなかったんだ。インターネットがなかったころは「パソコン通信」を使っていたんだよ。

パソコン通信はインターネットとは違うの？

パソコン通信は世界中を接続するようなものではなくて、パソコン通信の会社のサーバーに、会員になっている人達が接続して、趣味や研究の情報をやり取りしていたんだ。テキストが中心で巨大な掲示板みたいな感じだよ。

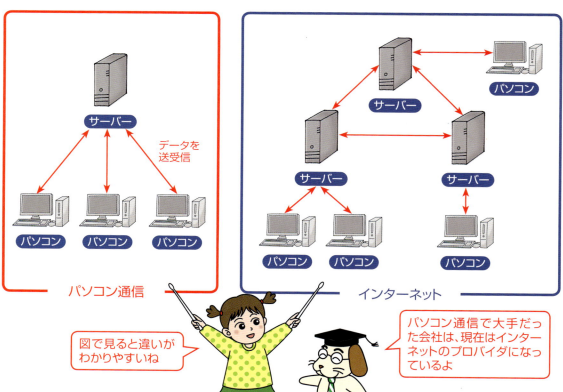

図で見ると違いがわかりやすいね

パソコン通信で大手だった会社は、現在はインターネットのプロバイダになっているよ

インターネットの歴史

 インターネットって誰が作ったの？

 インターネットは個人が一人で作ったものではなくて、大学や研究機関が協力して作ったんだよ。インターネットの起源は1969年に運用された「ARPAnet」にまでさかのぼるんだ。「ARPAnet」は、アメリカ国防総省の高等研究教育局「Advanced Research Projects Agency」がお金を出して、いくつかの大学や研究機関が協力して作ったネットワークなんだ。どこか1カ所が壊れても、ネットワーク全体は使うことができるという特徴を持ったネットワークなんだ。当時としてはとても画期的なものだったよ。

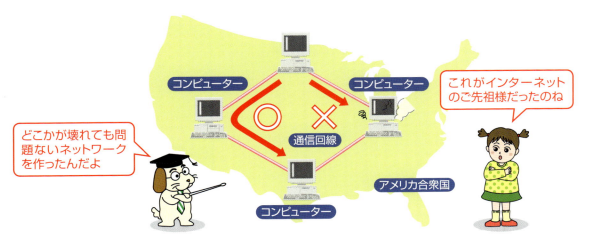

 インターネットも、もともとは軍事目的だったのかな？

 アメリカの国防総省がお金を出して作っているから、当然、軍事目的での利用も考えられていたと思うよ。インターネットは一部が壊されても、ネットワークは生きているという特徴も、それを思わせるものだね。でも、「ARPAnet」の責任者だったロバート・テイラーさんは明確に否定しているんだ。国防総省には軍事目的の考えがあったかもしれないけど、開発を担当した人達には、その考えはなかったということだと思うよ。

35 インターネットの歴史

 インターネットを一般の人が使うようになったのはいつごろなの？

 1990年、ARPAnetの研究が終了し、そのネットワークが一般社会に開放されてからだよ。ARPAnetの開放と同時に、商用プロバイダ（接続請け負い会社）が登場し、一般の人が利用しやすい環境が整っていったんだ。ちなみに、世界初の商用プロバイダは、「ワールド社」という会社だよ。

 どうして現在のようにインターネットの利用者が増えたの？

 1990年以降、インターネットで情報をやり取りする環境が急速に整っていったからなんだ。1991年にホームページの基礎である「WWW」という技術が生まれ、1993年には「Mosaic」という名前の、WWWを見るための道具（ウェブブラウザ）が開発されたんだ。この時点で、現在のインターネットの基本が整ったんだよ。そして、Windows 95の登場で接続が簡単になると、インターネットの利用者が加速度的に増えていったんだ。

年	出来事
1969年	「ARPAnet」が運用を開始する
1983年	「ARPAnet」から軍事用ネットワークが切り離されて、完全な研究目的のネットワークになる
1986年	「ARPAnet」の技術を元に開発した「CSnet」を発展させて、「NSFnet」が構築される。後に「NSFnet」と「ARPAnet」も接続されて、インターネットになる
1990年	「ARPAnet」が終了する
1991年	WWW技術が誕生する
1992年	日本初のプロバイダが誕生する
1993年	mosaicが登場する
1994年	「NSFnet」の運用が民間に移されて、商用利用も解禁される。NetscapeNavigatorが登場する
1995年	「Windows 95」が発売されて、普通の家庭にパソコンが急速に普及する。それと同時にインターネットへ接続する一般の人が急増する。この年の流行語大賞に「インターネット」が入選する

日本でインターネットが利用できるようになったのはいつごろなの？

1989年(平成元年)、日本の回線とNSFNET(インターネットの背骨にあたるネットワーク)が接続され、日本でもインターネットが利用できるようになったんだ。さらに、日本がインターネットにつながってから3年後(1992年)に、「AT&T Jens社」が日本で最初の商用プロバイダとして登場したんだよ。

今後は、インターネットはどんな風に進化していくの？

インターネットは昔に比べると、高速化され、利用料も安くなっているんだ。その流れは今後も続きそうだね。それと、電気やガス、水道のように、多くの人にとって、より生活のインフラの一部になっていくんじゃないかな。

質問36 スマホの無線LANのスピードが場所によって違うのはなぜ?

ファミレスとかカフェの無線LAN(Wi-Fi)はものすごく通信が遅いことがあるのはなぜ?

お店や駅などでサービスで提供しているWi-Fiはもともと通信速度の速くない回線を使っているところが多いのと、同時に大勢の人が使うので混雑して通信スピードが大幅に遅くなることがあるんだ。

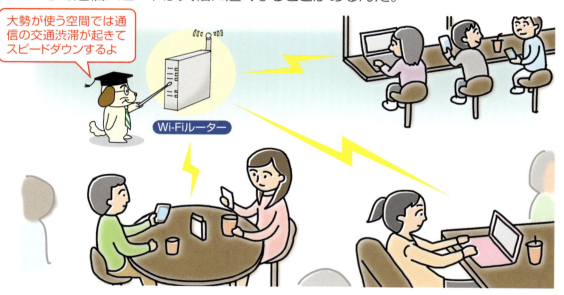

大勢が使う空間では通信の交通渋滞が起きてスピードダウンするよ

Wi-Fiルーター

Wi-Fiには通信速度が速いのと遅いのがあるの?

Wi-Fiにはいくつか種類があって、速いのと遅いのがあるよ。どの種類のWi-Fiが使えるかは、Wi-FiルーターとスマホやタブレットなどのWi-Fiとの組み合わせによって決まるんだ。Wi-Fiルーターのような接続先のことを「親機」、スマホやタブレットなどの親機に接続する機器のことを「子機」と呼ぶんだけど、親機が対応している接続方法の中から、子機は対応している方法で接続するんだ。この接続方法のことは「規格」って呼んでいるんだよ。Wi-Fiの規格には次のようなものがあって、通信速度が変わるんだ。

36 ● スマホの無線LANのスピードが場所によって違うのはなぜ？

規格	最大通信速度	周波数帯
11b	11Mbps	2.4GHz
11g	54Mbps	2.4GHz
11a	54Mbps	5GHz
11n	600Mbps	2.4GHz、5GHz
11ac	6900Mbps（6.9Gps）	5GHz

  Wi-Fiの速度で書いてある「Mbps」ってどんな単位？

「Mbps」は「Megabits per second」の略で、1秒間に何メガビットのデータを通信できるかということを表しているんだ。ビットは、104ページでも説明したとおり、オンかオフか、0か1かを表すことができる情報で、8ビットで1バイトになるんだ。1バイトはアルファベット1文字を表現できる大きさだよ。

 規格によってこんなに速度が違うのね。

 最初は11.bだったけど、その後、どんどんと速度がアップした規格が作られていったんだ。通信速度の高速化とデータ量の巨大化によって、できることが増えて、プログラムも進化を続けているよ。

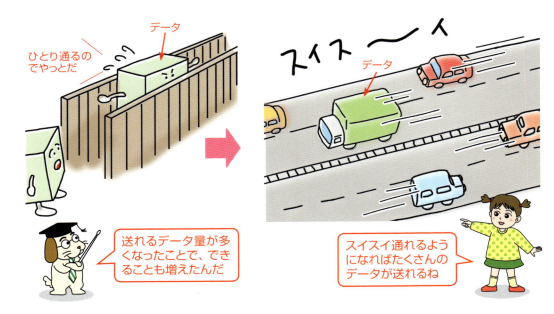

第6章 知っておきたいコンピュータの基礎知識

115

36 ● スマホの無線LANのスピードが場所によって違うのはなぜ？

 周波数というのは何？

 電波は漢字で書くと、「波」という字が入っているように、「波」になっているんだ。周波数はこの波の繰り返しの回数のことだよ。規格の表にある「Hz」という単位は1秒間に何回繰り返しがあるかを表しているんだ。Wi-Fiで使われている電波には、2.4GHzと5GHzの2種類があるんだ。

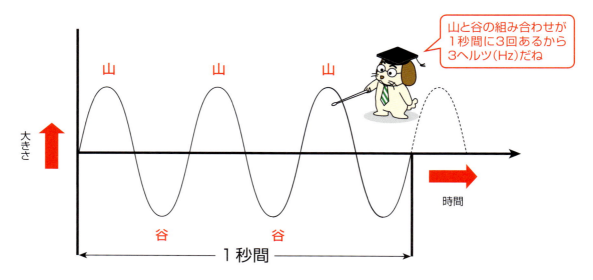

 周波数が違うと、何か変わってくるの？

 周波数の違いで、次のような違いがあるんだ。だけど、どっちが向いているかは、使う場所によって変わるから、使い分けることが大切だよ。

周波数	長所	短所
2.4GHz	5GHzに比べると、障害物に強いため、壁や床を通り抜けて接続するときに向いている	いろいろな機器で使われているので、混雑したり不安定になることもある
5Ghz	2.4GHzに比べると、通信速度が高速化できる	2.4GHzに比べると障害物に弱く、通信できる距離も短くなる

INDEX 索引

数字

2進接頭辞	105
3Dプリンタ	52

A・B・C・D

AI	21
ARPAnet	111
B	103
C#	32,38
C++	32,38
CD	101
CPU	13
CSS	38
C言語	32,38
DVD	101

E・G・H・I

EDSAC	18
ENIAC	17
GB	103
GiB	105
Haskell	44
HTML	37
HTTP	109
Hz	116
IDE	48

J・K・L・M

Java	32,38
JavaScript	36
KB	103
KiB	105
Linux	76
Lisp	44
Mac	45
MB	103
Mbps	115
MiB	105
Mosaic	112

N・O・P

NSFNET	113
Objective-C	32
OCaml	44
OS	32,39
OSS	60
PB	103
Perl	36
PHP	36
PiB	105
Python	36

R・S・T

RAM	13
Random Access Memory	13
Ruby	36
SDK	51
SDカード	101
SI接頭辞	105
SSD	13,101
Swift	32
TB	103
TiB	105

U・W・Z

USBフラッシュメモリ	13
USBメモリ	101
Wi-Fi	114
Windows	45
Windows 95	112
WWW	112
Zuse Z3	17

INDEX

あ行

アイデア ………………………………… 89
アセンブリ言語 ………………………… 39
アプリ …………………………………… 10
アプリケーション ……………………… 10
アプリストア ……………………… 50,54,56
アプリ内課金 …………………………… 59
アプリの値段 …………………………… 55
インターネット ……………………… 109
インタプリタ ………………………… 36,48
インタプリタ型のプログラム ………… 38
ウェブアプリケーション ……………… 35
ウェブブラウザ ……………………… 112
オーダーメイド ………………………… 62
オープンソースソフトウェア ………… 60
オブジェクト指向 ……………………… 43
親機 …………………………………… 114

か行

改修 ……………………………………… 69
仮想マシン型のプログラム …………… 38
家電製品 ………………………………… 15
紙テープ ……………………………… 101
関数型言語 ……………………………… 44
関数型プログラミング ………………… 44
キーボード ……………………………… 99
記憶装置 ……………………………… 100
機械語 …………………………………… 30
ギガバイト …………………………… 103
キビバイト …………………………… 105
ギビバイト …………………………… 105
記録メディア …………………………… 13
キロバイト …………………………… 103
金額 ……………………………………… 63
駆動音 ………………………………… 102
組み込みシステム ……………………… 34
組み込みプログラム …………………… 15
経験 ……………………………………… 94

検索 ……………………………………… 87
広告 ……………………………………… 59
コーディング …………………………… 69
子機 …………………………………… 114
国際単位系 …………………………… 104
コンパイラ ……………………………… 48
コンピュータ …………………………… 17

さ行

在宅勤務 ………………………………… 78
参考書 …………………………………… 87
サンデープログラマー ………………… 77
資格 ……………………………………… 72
磁気テープ ……………………… 101,102
自社開発 ………………………………… 78
システムエンジニア …………………… 70
実行形態 ………………………………… 38
自動翻訳 ………………………………… 20
周波数 ………………………………… 116
受託開発 ………………………………… 78
条件 ……………………………………… 12
常駐派遣 ………………………………… 78
ジョン・フォン・ノイマン …………… 19
人工知能 ………………………………… 21
数値化 ………………………………… 100
スクリプト言語 ………………………… 36
スマホ …………………………………… 96
スマホのアプリ ………………………… 32
センサー ………………………………… 98
専門学校 ………………………………… 74
専用機器 ………………………………… 11
想定外 …………………………………… 20
ソフト …………………………………… 10
ソフトウェア …………………………… 10
ソフト会社 ……………………………… 63

118

INDEX

た行

大学	74
単位	103
中央演算装置	13
データの形式	106
テキストエディタ	48
デジタルデータ	100
デバッガ	48
デバッグ	69
テビバイト	105
テラバイト	103
統合開発環境	48
登録	54

な行

ニーズ	55
入門書	83
ネイティブプログラム	38
年収	71
ノイマン型コンピュータ	19
ノートパソコン	45

は行

バージョン管理システム	48
ハードウェア	11
ハードディスク	13,101
バイト	103
パソコン	45
パソコン通信	110
バックエンド	35
パンチカード	101
光ディスク	101
ビット	104
ファームウェア	15
ファイルフォーマット	106
フォーマット	107
フリーランス	79
ブルーレイディスク	101
プログラマー	68
プログラミング言語	27,29,40
プログラム	10,12
プログラム内蔵方式	18
フロッピーディスク	101
プロトコル	109
プロバイダ	112
フロントエンド	35
並列処理	42
ペタバイト	103
ペビバイト	105
勉強	73,82,92

ま行

マークアップ言語	37
ムーアの法則	99
無線LAN	114
無料	57
命令	12
メガバイト	103
メビバイト	105
メモリ	13
モデル化	86

ら行

ライセンス	65
ランニングコスト	64
リーナス・トーバルズ	76
リンカ	48
歴史	17
ロジックボード	97

■著者紹介

林　晃（はやし　あきら）
アールケー開発代表。企業からの受託開発を行う。iOSアプリの開発の他、macOSアプリの開発や異なるシステム間でのプログラムの移植、デバイス制御プログラム、通信プログラム、画像処理プログラムの開発には長い経験を持つ。著書に「Swift逆引きハンドブック」(C&R研究所)などがあり、ソフト開発に関するセミナーでの講師や、オンライン教育での講師や教材開発も行っている。

- アールケー開発 Webサイト
  http://www.rk-k.com/

編集担当：吉成明久 ／ カバーデザイン：秋田勘助(オフィス・エドモント)

● 特典がいっぱいの Web 読者アンケートのお知らせ

C&R研究所ではWeb読者アンケートを実施しています。アンケートにお答えいただいた方の中から、抽選でステキなプレゼントが当たります。詳しくは次のURLのトップページ左下のWeb読者アンケート専用バナーをクリックし、アンケートページをご覧ください。

C&R研究所のホームページ　http://www.c-r.com/

携帯電話からのご応募は、右のQRコードをご利用ください。

小学生でもわかる プログラミングの世界

2016年11月18日　初版発行

著　者	林晃
発行者	池田武人
発行所	株式会社　シーアンドアール研究所 新潟県新潟市北区西名目所 4083-6（〒950-3122） 電話　025-259-4293　　FAX　025-258-2801
印刷所	株式会社　ルナテック

ISBN978-4-86354-207-5　C3055

©Akira Hayashi, 2016　　　　　　　　　　　　Printed in Japan

本書の一部または全部を著作権法で定める範囲を越えて、株式会社シーアンドアール研究所に無断で複写、複製、転載、データ化、テープ化することを禁じます。

落丁・乱丁が万一ございました場合には、お取り替えいたします。弊社までご連絡ください。